ISSN 0044-2267

ZEITSCHRIFT FÜR ANGEWANDTE MATHEMATIK UND MECHANIK

INGENIEURWISSENSCHAFTLICHE FORSCHUNGSARBEITEN

HERAUSGEGEBEN VON G. SCHMIDT, BERLIN

CHEFREDAKTEUR: G. SCHMIDT REDAKTEURE: W. HEINRICH, H. WEINERT

BAND 61 1981 HEFT 1

AUS DEM INHALT

HAUPTAUFSÄTZE

AKADEMIE-VERLAG · BERLIN

ZAMM Bd. 61 Nr. 1 S. 1—68 Berlin, Januar 1981

EVP 18,— M 34115

INHALT

Wir bitten, **Manuskriptsendungen** zweifach (Original und eine Kopie, sprachlich einwandfrei, Formeln mit Maschine oder in Druckschrift geschrieben) an folgende Anschrift zu richten:

Zeitschrift für Angewandte Mathematik und Mechanik z. Hd. Herrn Prof. Dr. Günter Schmidt
Institut für Mechanik der Akademie der Wissenschaften der DDR
DDR-1199 Berlin, Rudower Chaussee 5

Zu den Arbeiten, die als Hauptaufsätze bestimmt sind, ist auf gesondertem Blatt eine Zusammenfassung von 5 bis 10 Zeilen in englischer und (möglichst) deutscher und russischer Sprache beizufügen. Ausführliche Hinweise für die Autoren, um deren strikte Berücksichtigung gebeten wird, finden sich im Anschluß an das Inhaltsverzeichnis des Jahrganges **59** (1979).

Die Autoren erhalten von den Hauptaufsätzen 75, von den Kleinen Mitteilungen 25 Sonderdrucke ohne Berechnung, darüber hinaus weitere Sonderdrucke gegen Berechnung.

Der Verlag behält sich für alle Beiträge das Recht der Vervielfältigung, Vorbereitung und Übersetzung vor.

Bestellungen sind zu richten

- **in der DDR** an den Postzeitungsvertrieb unter Angabe der Kundennummer des Bestellenden oder an den AKADEMIE-VERLAG, DDR-1080 Berlin, Leipziger Str. 3–4
- **im sozialistischen Ausland** an eine Buchhandlung für fremdsprachige Literatur oder an den zuständigen Postzeitungsvertrieb
- **in der BRD und Berlin(West)** an eine Buchhandlung oder an die Auslieferungsstelle KUNST UND WISSEN, Erich Bieber OHG, D-7000 Stuttgart 1, Wilhelmstraße 4–6
- **in Österreich** an den Globus-Buchvertrieb, A-1201 Wien, Höchstädtplatz 3
- **in den übrigen westeuropäischen Ländern** an eine Buchhandlung oder an die Auslieferungsstelle KUNST UND WISSEN, Erich Bieber GmbH, CH-8008 Zürich/Schweiz, Dufourstraße 51
- **im übrigen Ausland** an den Internationalen Buch- und Zeitschriftenhandel; den Buchexport, Volkseigener Außenhandelsbetrieb der Deutschen Demokratischen Republik, DDR-7010 Leipzig, Postfach 160; oder an den AKADEMIE-VERLAG, DDR-1080 Berlin, Leipziger Straße 3–4

ZEITSCHRIFT FÜR ANGEWANDTE MATHEMATIK UND MECHANIK
Herausgeber und Chefredakteur: Prof. Dr. Günter Schmidt. Redaktion: Dr. Winfried Heinrich, Dr. Horst Weinert, Dipl.-Math. Friedhild Dudel, Helga Rühl, Institut für Mechanik der Akademie der Wissenschaften der DDR. Verlag: Akademie-Verlag, DDR-1080 Berlin, Leipziger Straße 3–4; Fernruf: 2236221 oder 2236229; Telex-Nr.: 114420; Bank: Staatsbank der DDR, Berlin, Kto.-Nr. 6836-26-20712. Anschrift der Redaktion: Institut für Mechanik der Akademie der Wissenschaften, DDR-1199 Berlin, Rudower Chaussee 5; Fernruf: 6802841/3639

Veröffentlicht unter der Lizenznummer 1282 des Presseamtes beim Vorsitzenden des Ministerrates der Deutschen Demokratischen Republik. Gesamtherstellung: VEB Druckerei „Thomas Müntzer", 5820 Bad Langensalza. Erscheinungsweise: Die Zeitschrift für Angewandte Mathematik und Mechanik erscheint monatlich. Die 12 Hefte eines Jahres einschließlich Tagungsheft bilden einen Band. Bezugspreis je Band 360,— M zuzüglich Versandspesen (Preis für die DDR 216,— M). Bezugspreis je Heft 30,— M (Preis für die DDR 18,— M). Bestellnummer dieses Heftes: 1009/61/1.

AN (EDV) 35937

ZAMM 61, 1 – 6 (1981)

E. METTLER

Über eine Kombinationsresonanz im Dreikörperproblem

Herrn F. WEIDENHAMMER zum 60. Geburtstag gewidmet.

Die vorliegende Arbeit befaßt sich mit der engen Verwandtschaft zwischen gewissen Teilen der Himmelsmechanik und der Schwingungslehre. Sie zeigt, daß die seit fast zwei Jahrhunderten bekannten säkularen Störungen im planetaren Dreikörperproblem eine Kombinationsresonanz mit Differenzfrequenz im Sinne der modernen Schwingungslehre darstellen.

This paper deals with the close relationship between some parts of celestial mechanics and of the theory of vibrations. It shows that the secular perturbations in the planetary problem of three bodies, known for almost two centuries, represent a combination resonance with difference frequency in the sense of the modern theory of vibrations.

В данной работе изучается вопрос о тесной связи между определёнными разделами небесной механики и теории колебаний. Оказывается, что известное уже почти два столетия вековое возмущение в планетной задаче трёх тел представляет собой комбинационный резонанс с разностью частот в смысле современной теории колебаний.

1. Einleitung

Zwischen einigen Phänomenen der Himmelsmechanik und solchen der Schwingungslehre besteht eine enge Verwandtschaft. Diesen Sachverhalt weiter auszuführen, ist das Ziel der vorliegenden Arbeit, nachdem der Verfasser bereits vor kurzem in dieser Zeitschrift auf ihn hingewiesen hat. In dem Aufsatz [1] wurde nämlich gezeigt, daß unter den Annahmen des eingeschränkten Dreikörperproblems ein Planetoid mit der halben Umlaufzeit des Planeten Jupiter Bewegungen ausführt, welche die wesentlichen Züge einer nichtlinearen Resonanzschwingung mit Zwangserregung und kleiner begleitender Parametererregung haben, wobei das Verhältnis 2:1 zwischen Eigenfrequenz und Erregerfrequenz besteht. Die jetzige Frage lautet: Gibt es im Planetensystem auch Kombinationsresonanz, bei der also eine Erregerfrequenz nahe der Differenz oder Summe zweier Eigenfrequenzen liegt? Die Frage ist zu bejahen, und zwar handelt es sich um einen bestimmten himmelsmechanischen Sachverhalt, der zunächst skizziert sei.

Wir beschränken uns dabei der Kürze halber auf Bewegungen in einer Ebene. Zwei Planeten laufen um einen Zentralstern (Sonne) von viel größerer Masse auf nahezu kreisförmigen Bahnen. Sie üben gegenseitige Gravitationswirkungen aufeinander aus, d. h. sie ,,stören" sich. Das bewirkt Änderungen der ungestörten Planetenbewegungen (der ,,KEPLERbewegungen") von zweierlei Art. Die eine Art besteht in Gliedern, die mit Perioden in der Größenordnung einer oder mehrerer Planetenumlaufzeiten oszillieren und sich deshalb über längere Zeiträume kompensieren; man nennt sie periodische Störungen. Die Änderungen der anderen Art vollziehen sich teils mit außerordentlich viel größeren Perioden, teils dauernd gleichsinnig; sie heißen säkulare Störungen. Diese allein betrachtet geben Auskunft über das langfristige Verhalten des Systems. Sie haben deshalb seit LAPLACE [2] stets eine große Rolle in der Astronomie gespielt. Konkret bestehen sie darin, daß die großen Halbachsen der Bahnellipsen konstant bleiben, während ihre numerischen Exzentrizitäten und die Winkel zwischen den Perihelien und einer raumfesten Richtung langperiodisch schwanken, wozu noch zeitlineare Änderungen dieser Perihelwinkel treten. Bei den Planeten unseres Slonnensystems vollziehen sich diese Bewegungen in Jahrzehntausenden. Im folgenden wird gezeigt, daß dieses altbekannte himmelsmechanische Phänomen eine Kombinationsresonanz im Sinne der heutigen Schwingungslehre ist.

2. Das schwingungsmechanische Vergleichssystem

Zunächst sei dargelegt, was in dieser Arbeit unter Kombinationsresonanz (abgekürzt: KR) verstanden wird. Dazu betrachten wir zwecks Vergleich mit dem himmelsmechanischen System ein gewöhnliches schwingungsfähiges System mit zwei Freiheitsgraden. Seine Bewegungsgleichungen seien

$$\ddot{q}_i + \omega_i^2 q_i + 2\,[\varepsilon_i \omega_i q_i - \sqrt{\varepsilon_3 \omega_1 \omega_2}\, q_j \cos \Omega t] = 0\,, \qquad i, j = 1, 2; \quad j \neq i; \quad |\varepsilon_1|, |\varepsilon_2|, |\varepsilon_3| \gg 1\,. \tag{1}$$

Darin bedeuten die q_i Normalkoordinaten, ein Punkt eine Ableitung nach der Zeit t, so daß ganz links die Terme zweier einfacher Schwinger stehen. Dazu kommen in der eckigen Klammer kleine Störglieder. Die Terme mit ε_1, ε_2, linear in q_i, drücken kleine Frequenzverschiebungen aus; die Eigenfrequenzen sind nur ungefähr gleich ω_i, genauer gleich $\omega_i + \varepsilon_i + O(\varepsilon_i^2)$. Daneben ist Ω eine feste Erregerfrequenz, und die Glieder mit ε_3 bedeuten Parametererregung. Jede Art von Dämpfung wird ausgeschlossen. Den Frequenzen ω_1, ω_2 werden Vorzeichen beigelegt. Es sei stets $\omega_1 > 0$, während $\omega_2 > 0$ mit $\omega_2 < \omega_1$ oder $\omega_2 < 0$ sein kann. Dann muß $\varepsilon_3 > 0$ für $\omega_2 > 0$ und $\varepsilon_3 < 0$ für $\omega_2 < 0$ sein.

Als Resonanzbedingung wählen wir

$$\Omega = \omega_1 - \omega_2 \tag{2}$$

und sprechen für $\omega_2 > 0$ von ,,KR mit Differenzfrequenz" bzw. für $\omega_2 < 0$ von ,,KR mit Summenfrequenz", weil in (2) rechts zwei positive Zahlen subtrahiert bzw. addiert werden. Damit ist das schwingungsmechanische Problem formuliert.

Für seine Lösung schreiben wir (1) in der kanonischen Form

$$\dot{q}_i = p_i ,$$
$$H = \tfrac{1}{2}\sum_{i=1}^{2}(p_i^2 + \omega_i^2 q_i^2) + \left[\sum_{i=1}^{2}\varepsilon_i\omega_i q_i^2 - 2\sqrt{\varepsilon_3\omega_1\omega_2}\; q_1 q_2 \cos\Omega t\right], \tag{3}$$
$$\dot{q}_i = \frac{\partial H}{\partial p_i}, \qquad \dot{p}_i = -\frac{\partial H}{\partial q_i}, \qquad i = 1, 2$$

mit den kanonisch konjugierten Variablen p_i, q_i und der Hamiltonfunktion (3) und führen mit der kanonischen Transformation

$$q_i = \sqrt{\frac{2\bar{p}_i}{\omega_i}}\sin(\omega_i t + \bar{q}_i), \qquad p_i = \sqrt{2\omega_i\bar{p}_i}\cos(\omega_i t + \bar{q}_i), \tag{4}$$

die nach den Regeln der analytischen Mechanik [3] aus der Erzeugenden

$$F = \tfrac{1}{2}\sum_{i=1}^{2}\omega_i q_i^2 \cot(\omega_i t + \bar{q}_i)$$

folgt, neue Variable $\bar{p}_i$, $\bar{q}_i$ ein. Dann lautet die transformierte Hamiltonfunktion

$$\bar{H} = H + \frac{\partial F}{\partial t} = H - \sum_{i=1}^{2}\omega_i\bar{p}_i, \tag{5}$$

wobei in H (4) einzusetzen ist. Wegen des Terms ganz rechts in (5) bleiben in $\bar{H}$ und deshalb auch rechts in den Differentialgleichungen

$$\dot{\bar{q}}_i = \frac{\partial\bar{H}}{\partial\bar{p}_i}, \qquad \dot{\bar{p}}_i = -\frac{\partial\bar{H}}{\partial\bar{q}_i} \tag{6}$$

nur kleine Glieder mit Faktoren ε_1, ε_2, $\sqrt{\varepsilon_3}$ stehen. Für $\varepsilon_1 = \varepsilon_2 = \varepsilon_3 = 0$, d. h. für den ungestörten Fall werden also die $\bar{p}_i$, $\bar{q}_i$ als Lösung von (6) konstant. Soweit ist alles noch streng.

Unsere wesentliche Vereinfachung besteht nun in der Anwendung der bekannten Mittelungsmethode auf die Hamiltonfunktion $\bar{H}$. Wir suchen den zeitlichen Mittelwert von $\bar{H}$ auf und nehmen während dieser Rechnung für $\bar{p}_i$, $\bar{q}_i$ die ungestörte, konstante Lösung. Das entspricht der Methode, mit der man in der Himmelsmechanik die säkularen Störungen aufsucht ([4] S. 336). Der Vorgang sei am Beispiel des Teils $q_1 q_2 \cos\Omega t$ von H erläutert. Setzt man darin (4) ein, so entstehen vier Glieder der Form const. $\sqrt{\bar{p}_1\bar{p}_2}\cos\left((\omega_1 \pm \omega_2 \pm \Omega)\,t + \bar{q}_1 \pm \bar{q}_2\right)$. Ist nun $(\omega_1 \pm \omega_2 \pm \Omega) \neq 0$, so hat der cosinus den Mittelwert Null und das Glied bleibt weg. Nur das eine Glied, in dem der Faktor $(\omega_1 - \omega_2 - \Omega)$ steht und wegen (2) verschwindet, wird beibehalten. Insgesamt kommt so der „säkulare Teil" von $\bar{H}$

$$\bar{S} = \varepsilon_1\bar{p}_1 + \varepsilon_2\bar{p}_2 - \sqrt{\varepsilon_3\bar{p}_1\bar{p}_2}\cos(\bar{q}_1 - \bar{q}_2), \tag{7}$$

dessen zugehörige kanonische Gleichungen

$$\dot{\bar{q}}_i = \frac{\partial\bar{S}}{\partial\bar{p}_i}, \qquad \dot{\bar{p}}_i = -\frac{\partial\bar{S}}{\partial\bar{q}_i}, \qquad i = 1, 2 \tag{8}$$

die langsamen Änderungen der $\bar{p}_i$, $\bar{q}_i$ nach Ausschaltung aller raschen Oszillationen beschreiben.

Das so vereinfachte Problem (7), (8) ist streng lösbar. Aus seiner kanonischen Form folgt das erste Integral

$$\bar{S} = c_1 \tag{9}$$

und aus der Beziehung $\partial\bar{S}/\partial\bar{q}_1 = -\partial\bar{S}/\partial\bar{q}_2$ das weitere erste Integral

$$\bar{p}_1 + \bar{p}_2 = c_2 \tag{10}$$

mit den Integrationskonstanten c_1, c_2. Nimmt man noch die dritte kanonische Gleichung

$$\dot{\bar{p}}_1 = -\frac{\partial\bar{S}}{\partial\bar{q}_1} \tag{11}$$

hinzu, so kann man aus (9), (10), (11) die Variablen $\bar{p}_2$ und $\bar{q}_1 - \bar{q}_2$ eliminieren und erhält die Differentialgleichung für $\bar{p}_1$ allein

$$\dot{\bar{p}}_1^2 = f(\bar{p}_1) \quad \text{mit} \quad f(\bar{p}_1) = \varepsilon_3\bar{p}_1(c_2 - \bar{p}_1) - [c_1 - \varepsilon_2 c_2 - (\varepsilon_1 - \varepsilon_2)\,\bar{p}_1]^2 . \tag{12}$$

Nach deren Lösung folgt aus (10) $\bar{p}_2$, und für die $\bar{q}_i$ findet man die Gleichungen

$$\dot{\bar{q}}_1 = \frac{\varepsilon_1 + \varepsilon_2}{2} + \frac{c_1 - \varepsilon_2 c_2}{2\bar{p}_1}, \qquad \dot{\bar{q}}_2 = \frac{\varepsilon_1 + \varepsilon_2}{2} + \frac{c_1 - \varepsilon_1 c_2}{2\bar{p}_2}. \tag{13}$$

Der Typ der Lösung von (12) wird durch das Vorzeichen des Koeffizienten von $\bar{p}_1^2$ in der Funktion $f(\bar{p}_1)$

$$c = -\varepsilon_3 - (\varepsilon_1 - \varepsilon_2)^2 \tag{14}$$

bestimmt. Wir unterscheiden zwei Fälle.

Fall I: $c < 0$. Das tritt ein für a) $\omega_2 > 0 \Rightarrow \varepsilon_3 > 0$, d. h. für KR mit Differenzfrequenz, oder b) für

$$\omega_2 < 0 \Rightarrow \varepsilon_3 < 0 \quad \text{und} \quad (\varepsilon_1 - \varepsilon_2)^2 > |\varepsilon_3| \,, \tag{15}$$

d. h. für KR mit Summenfrequenz unter der Nebenbedingung (15).

Fall II: $c > 0$. Das tritt ein für

$$\varepsilon_3 < 0 \quad \text{und} \quad (\varepsilon_1 - \varepsilon_2)^2 < |\varepsilon_3| \,, \tag{16}$$

also nur für KR mit Summenfrequenz unter der Nebenbedingung (16).

Zunächst sei Fall I betrachtet. Für ihn ist das Phasenporträt von (12) in Bild 1 skizziert. Die quadratische Funktion $f(\bar{p}_1)$ wird durch eine nach unten geöffnete Parabel dargestellt, deren Lage von der Wahl der Konstanten c_1, c_2 abhängt. Reelle Lösungen von (12) gibt es im Bereich $\bar{p}_1 \geqq 0$ für $f(\bar{p}_1) \geqq 0$ zwischen den Nullstellen $\bar{p}_{11}$ und $\bar{p}_{12}$. Mit der Anfangsbedingung $\bar{p}_1 = \bar{p}_{11}$ für $t = t_0$ lautet die nichtstationäre Lösung

$$\bar{p}_1(t) = \tfrac{1}{2}\,(\bar{p}_{11} + \bar{p}_{12}) + \tfrac{1}{2}\,(\bar{p}_{11} - \bar{p}_{12}) \cos \nu(t - t_0) \,, \tag{17}$$

wobei $\nu = \sqrt{-c}$ gesetzt ist. Wenn die Nullstellen $\bar{p}_{11}$, $\bar{p}_{12}$ zu einer Doppelnullstelle zusammenrücken, wird $\bar{p}_1(t)$ konstant, die Lösung stationär. Die Amplituden der Schwingungsausschläge q_i sind nach (4) $\sqrt{2\bar{p}_1/\omega_1}$ und $\sqrt{2\bar{p}_2/\omega_2}$. Im Fall (Ia) muß $\bar{p}_2 \geqq 0$ sein. Dann besagen (10) und (17), daß $\bar{p}_1$ und $\bar{p}_2$ und damit die Quadrate der Amplituden langsame harmonische Schwingungen mit der kleinen Kreisfrequenz ν ausführen, und zwar gegenläufig, d. h. die eine Amplitude nimmt ab, wenn die andere zunimmt und umgekehrt. Im Fall Ib) muß $\bar{p}_2 \leqq 0$ sein und aus (10), (17) folgen langsam gleichsinnig schwingende Amplituden. Aus (13) ergeben sich schließlich die Phasenwinkel $\bar{q}_i$ durch Quadraturen, die nicht näher angegeben werden sollen, in der Form

$$\bar{q}_i = d_i t + \tilde{d}_i(t) \tag{18}$$

mit kleinen Konstanten d_i und kleinen periodischen Funktionen $\tilde{d}_i(t)$ derselben Frequenz ν.

Der Fall II soll nur kurz gestreift werden. Wegen $c > 0$ wird $\nu = \sqrt{-c}$ imaginär, der cosinus in (17) geht in die Funktion cosh über und wächst mit $t \to \infty$ unbegrenzt an. Ein derartiges Anwachsen ist charakteristisch für KR mit Summenfrequenz. Es tritt nur unter der Bedingung (16) ein, die eine gewisse Abstimmung zwischen der Erregerfrequenz Ω und den Eigenfrequenzen vorschreibt. Die Größen ε_1 und ε_2 sind ja die Abweichungen der ω_i von den wirklichen Eigenfrequenzen, daher ist $|\varepsilon_1 - \varepsilon_2|$ nach (2) der Unterschied zwischen Ω und der Differenz der Eigenfrequenzen, also ein Maß für die „Verstimmung" des Systems, die nach (16) unter der Schranke $\sqrt{|\varepsilon_3|}$ bleiben muß. Es ist leicht zu zeigen, daß das mit der bekannten Bedingung für Instabilität der trivialen Lösung $q_1 = q_2 = 0$ von (1) identisch ist. Diese und alle sonstigen Fakten des Falles II sind wohlbekannt und sollen nicht näher erörtert werden, da sie für unsere himmelsmechanische Frage nicht relevant sind. Demgegenüber ist das Phänomen des Falles I, nämlich der langsam periodisch veränderlichen Amplituden und Phasen in dämpfungslosen Systemen, so unscheinbar, daß es noch nirgends bemerkt oder in der Literatur erwähnt worden zu sein scheint. Es ist aber unzweifelhaft ein Teil des Gesamtphänomens Kombinationsresonanz, denn es wird ausschließlich von der Resonanzbedingung (2) gesteuert und ist ohne diese nicht vorhanden. Bemerkenswert ist seine Ähnlichkeit mit dem Sachverhalt der inneren Resonanz bei konservativen Schwingungssystemen, wie er z. B. in Abschnitt 1 und 3 der Arbeit [5] geschildert ist.

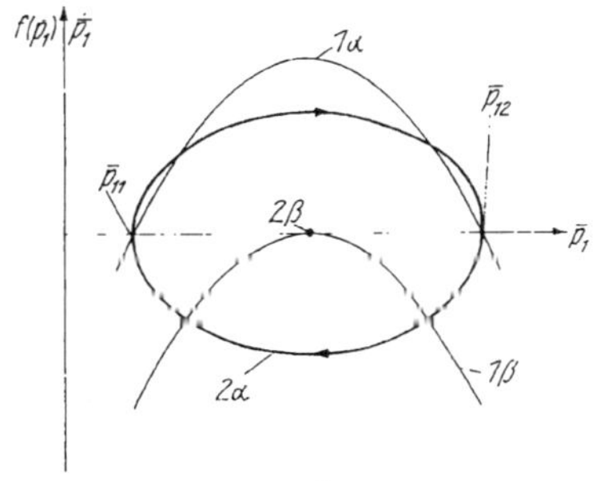

Bild 1. 1) Funktion $f(\bar{p}_1)$ für α) instationäre, β) stationäre Lösung; 2) Phasenporträt von (12) für α) instationäre, β) stationäre Lösung

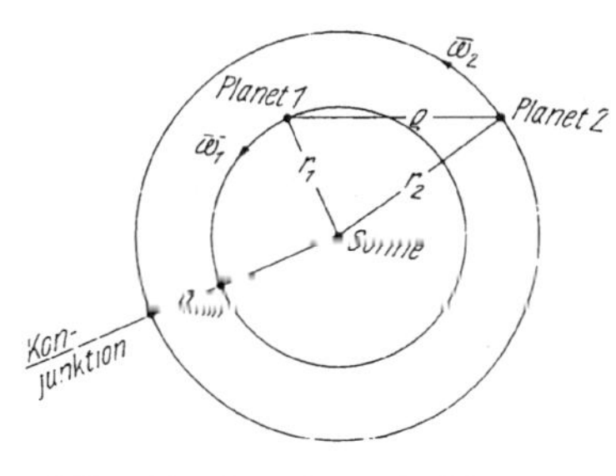

Bild 2. Planetares ebenes Dreikörperproblem

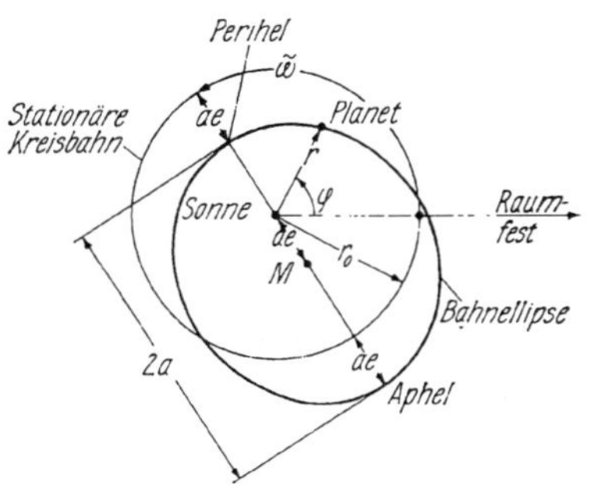

Bild 3. Keplerbewegung als kleine Schwingung um eine stationäre Kreisbewegung

3. Das planetare Dreikörperproblem in der Ebene

Dem im vorigen Abschnitt behandelten Schwingungssystem soll nun das ebene planetare Dreikörperproblem gegenübergestellt werden. Dabei verwenden wir für entsprechende Kreisfrequenzen die gleichen Formelbuchstaben wie in Abschnitt 2, auch wenn sie nicht genau die gleiche Bedeutung haben wie dort, um die Analogie zwischen den Gegenständen von Abschnitt 2 und 3 hervorzuheben. Bild 2 zeigt die Situation. Zwei Planeten laufen auf kreisnahen Bahnen (die einfach als Kreise gezeichnet sind) in einer Ebene in Pfeilrichtung um einen Zentralstern (Sonne) mit viel größerer Masse. Die drei Körper ziehen sich nach dem NEWTONschen Gravitationsgesetz an. Die mittleren Winkelgeschwindigkeiten $\overline{\omega}_1$, $\overline{\omega}_2$ (astronomisch die „mittleren Bewegungen n_i") der Planeten sollen nicht kommensurabel sein, d. h. sie sollen sich nicht wie kleine ganze Zahlen verhalten. Es ist eine längst gelöste Aufgabe der Himmelsmechanik, zwecks Ermittlung des langfristigen Verhaltens dieses Systems — wie schon in der Einleitung erläutert — die säkularen Störungen der Planeten aufzusuchen. Das ist klassischer Bestand der Literatur[2]) und beruht ähnlich wie in Abschnitt 2 ausgeführt auf einer Mittelung der HAMILTONfunktion, wodurch die periodischen Störungen ausgeschieden werden.

Die Himmelsmechanik benutzt dazu die Bahnelemente einer Ellipse der KEPLERbewegung eines Einzelplaneten. Im folgenden werden drei Bahnelemente gebraucht (Bild 3): Die große Halbachse a, die numerische Exzentrizität e und der Winkel zwischen einer raumfesten Richtung und der Längsachse der Bahn, die sogenannte Perihellänge $\widetilde{\omega}$[3]). Durch a, e und $\widetilde{\omega}$ sind Ausdehnung, Form und Orientierung der Bahn gekennzeichnet. Für e zeigt Bild 3 noch eine besondere Beziehung. Primär ist die Entfernung vom Brennpunkt (Sonne) zum Mittelpunkt M der Ellipse gleich ae. Betrachten wir nun, wie das nachher ausgeführt wird, die KEPLERbewegung mit kleinem e als kleine linearisierte Schwingung um eine gleichförmige Kreisbewegung, so schwingt sie im Perihel und im Aphel um gleiche Strecken nach innen und außen über den Kreis hinaus, der Kreisradius ist gleich a und die Strecke ae erscheint genähert wie gezeichnet als Amplitude im Perihel und Aphel.

Im planetaren Dreikörperproblem werden die sechs Bahnelemente a_i, e_i, $\widetilde{\omega}_i$ $(i = 1, 2)$ der beiden sich gegenseitig störenden Planeten als langsam veränderliche Funktionen der Zeit, die Bahnen somit als Ellipsen mit variablen Elementen betrachtet. Dann führt die hier nicht wiedergegebene Berechnung der säkularen Änderungen zu folgenden Aussagen: Die großen Halbachsen a_i bleiben konstant, die Exzentrizitäten e_i und die Perihellängen $\widetilde{\omega}_i$ folgen den Differentialgleichungen (zitiert nach [6], S. 285)

$$\dot{e}_1 = \delta_1 e_2 \sin(\widetilde{\omega}_2 - \widetilde{\omega}_1), \qquad \dot{e}_2 = -\delta_2 e_1 \sin(\widetilde{\omega}_2 - \widetilde{\omega}_1), \tag{19}$$

$$\dot{\widetilde{\omega}}_1 = \gamma_1 - \delta_1 \frac{e_2}{e_1} \cos(\widetilde{\omega}_2 - \widetilde{\omega}_1), \qquad \dot{\widetilde{\omega}}_2 = \gamma_2 - \delta_2 \frac{e_1}{e_2} \cos(\widetilde{\omega}_2 - \widetilde{\omega}_1).$$

Die zahlenmäßig kleinen Koeffizienten γ_i, δ_i enthalten als Faktoren die Massenverhältnisse Planet: Sonne, die mittleren Winkelgeschwindigkeiten $\overline{\omega}_i$, das Verhältnis a_1/a_2 und gewisse LAPLACEsche Koeffizienten. Bei gleichsinnig umlaufenden Planeten (Bild 2), wie es im Sonnensystem durchweg der Fall ist, sind alle vier γ_i, $\delta_i > 0$. In dem fiktiven Fall gegensinnig umlaufender Planeten besteht eines der Paare γ_i, δ_i aus negativen Größen, das andere aus positiven.

Zu der längst bekannten Lösung von (19) schlagen wir hier einen unkonventionellen Weg ein. Wir führen statt der e_i andere Variable

$$\bar{p}_1 = e_1^2 \delta_2, \qquad \bar{p}_2 = e_2^2 \delta_1 \tag{20}$$

ein und nehmen die Umbenennungen

$$\widetilde{\omega}_i = \bar{q}_i, \qquad \gamma_1 = \varepsilon_1, \qquad \gamma_2 = \varepsilon_2, \qquad 4\delta_1\delta_2 = \varepsilon_3 \tag{21}$$

vor. Führt man nun (20), (21) in (19) ein, so rechnet man rasch nach, daß (19) unmittelbar in die kanonischen Gleichungen (8) mit der HAMILTONfunktion (7) übergeht. Die Lösung ist also identisch mit der in Abschnitt 2 gegebenen und beschreibt deshalb die gleichen Erscheinungen der Kombinationsresonanz wie dort, allerdings ohne daß zunächst eine Resonanzbedingung (2) aufgezeigt wird; das soll später nachgeholt werden. Betrachten wir zuerst die Bewegung mit gleichem Umlaufsinn der Planeten, so wird nach (21) $\varepsilon_3 > 0$; es liegt also der Fall Ia) und damit KR mit Differenzfrequenz vor. Wir entnehmen Abschnitt 2, daß nach (20), (21) die e_i^2 mit der Kreisfrequenz

$$\nu = \left(4\delta_1\delta_2 + (\gamma_1 - \gamma_2)^2\right)^{1/2} \tag{22}$$

langsam harmonisch oszillieren. Dabei bleibt $e_1^2\delta_2 + e_2^2\delta_1$ nach (10) konstant, so daß die Schwingungen gegenläufig sind. Die Exzentrizitäten e_i selbst sind, wie anhand von Bild 3 erklärt wurde, proportional den Amplituden der kleinen Schwingungen um ungestörte Kreisbewegungen, verhalten sich also genau so wie die Amplituden des Vergleichssystems; im stationären Fall sind sie gleichfalls konstant. Ebenso fungieren die Perihellängen $\widetilde{\omega}_i$ nach (21) als Phasenwinkel $\bar{q}_i$, die sich gemäß (18) langsam zeitlinear mit überlagerter Schwingung der Frequenz (22) ändern. Das meistbehandelte Zahlenbeispiel dazu ist das System Sonne-Jupiter-Saturn. CHARLIER [4] teilt dafür folgende Ergebnisse mit (Jupiter Index 1, Saturn Index 2): Periode $2\pi/\nu = 69\,600$ Jahre; Umlaufzeiten der Perihelien $2\pi/d_1 = 376\,700$ Jahre, $2\pi/d_2 = 58\,750$ Jahre; Intervalle der Exzentrizitätsschwankungen $0{,}0276 < e_1 < 0{,}0592$, $0{,}0132 < e_2 < 0{,}0840$; die Bewegung ist nicht stationär.

In dem fiktiven Fall der gegensinnig umlaufenden Planeten wird ε_3 nach (21) negativ, aber gleichzeitig ist, wie man zeigen kann [6], immer die Bedingung (15), nie (16) erfüllt. Es liegt dann zwar KR mit Summenfrequenz vor, aber nur Fall Ib), nie Fall II. Unbegrenzt anwachsende Lösungen und Instablitäten sind im Dreikörperproblem

[2]) Als Beispiele seien nur die drei aus verschiedenen Zeiten stammenden Darstellungen [2], [4], [6] genannt.
[3]) Der Buchstabe $\widetilde{\omega}$ ist an dieser Stelle in der Astronomie gebräuchlich und hat nichts mit einer Kreisfrequenz zu tun.

im Gegensatz zum schwingungsmechanischen Vergleichssystem, wo man die Koeffizienten frei wählen kann, nicht möglich.

Bis hierher ist KR im Dreikörperproblem lediglich aus der formalen Übereinstimmung mit der entsprechenden Bewegung des Vergleichssystems erschlossen worden. Es fehlt für das Dreikörperproblem noch die mechanische Deutung, die diese zunächst merkwürdig erscheinende Übereinstimmung physikalisch verstehbar macht und insbesondere eine Resonanzbedingung entsprechend (2) liefert. Dazu eine heuristische Überlegung. Wir betrachten noch einmal einen Einzelplaneten nach Bild 3, der um eine feste Sonne läuft. Seine Masse sei m, das Potential der Anziehung durch die Sonne zunächst noch ohne Festlegung eine Funktion

$$U = U(r) .$$

Die kinetische Energie ist in Polarkoordinaten r, φ

$$T = \frac{m}{2}(\dot{r}^2 + r^2\dot{\varphi}^2) .$$

Die LAGRANGEschen Bewegungsgleichungen zweiter Art folgen daraus zu

$$m(\ddot{r} - r\dot{\varphi}^2) + U'(r) = 0 , \qquad r^2\dot{\varphi} = \text{const} , \tag{23}$$

wobei ein Strich an U eine Ableitung nach r bedeutet. Eine stationäre Lösung von (23) ist durch die gleichförmige Kreisbewegung $r = r_0$, $\dot{\varphi} = \bar{\omega}$ mit konstantem r_0 und

$$\bar{\omega}^2 = \frac{1}{m r_0} U'(r_0) \tag{24}$$

gegeben. Der Ansatz $r = r_0 + \bar{r}$, $\varphi = \bar{\omega} t + \bar{\varphi}$ mit kleinen $\bar{r}, \bar{\varphi}$ führt auf eine Nachbarbewegung zur stationären Bewegung. Linearisiert man (23) in $\bar{r}, \bar{\varphi}$, so kommen die Gleichungen für $\bar{r}, \bar{\varphi}$

$$\ddot{\bar{r}} + \omega^2 \bar{r} = 0 \quad \text{mit} \quad \omega^2 = 3\bar{\omega}^2 + \frac{1}{m} U''(r_0) , \tag{25}$$

$$\dot{\bar{\varphi}} = -2\bar{\omega}\frac{\bar{r}}{r_0} . \tag{26}$$

Das bedeutet, daß die stationäre Kreisbewegung von freien harmonischen Schwingungen des Radius r und des Winkels φ mit der Eigenfrequenz ω begleitet ist. Verlangen wir nun, daß als besondere Abstimmung für alle Radien r_0

$$\omega = \bar{\omega} \tag{27}$$

gilt, also die Schwingungsfrequenz gleich der stationären Winkelgeschwindigkeit ist, so muß nach (24), (25) mit $r = r_0$ die Differentialgleichung

$$U'(r) + \frac{r}{2} U''(r) = 0$$

erfüllt sein. Sie hat die allgemeine Lösung

$$U(r) = C_1 + \frac{C_2}{r}$$

mit den Integrationskonstanten C_1, C_2, von denen C_1 unwesentlich ist. Die Funktion $1/r$ des NEWTONschen Gravitationspotentials ist also die einzige Funktion von r, die die Abstimmung (27) im ganzen Kraftfeld erzeugt. Anders ausgedrückt: Der Einzelplanet, der im NEWTONschen Gravitationsfeld eine KEPLERbewegung mit kleiner Exzentrizität ausführt, ist ein umlaufender Schwinger mit der Abstimmung (27). Diese Auffassung der KEPLERbewegung ist unser Bindeglied zwischen Himmelsmechanik und Schwingungsmechanik.

Betrachten wir nämlich im planetaren Dreikörperproblem nach Bild 2 zwei solche Schwinger und sehen wir deren Bewegungen in erster Näherung als gleichförmige Kreisbewegungen mit den Winkelgeschwindigkeiten $\bar{\omega}_i$ an, so ist die Gravitationskraft zwischen den Planeten zeitlich periodisch und erreicht immer dann ihr Maximum, wenn der Abstand ϱ sein Minimum $\varrho_{\min}$ annimmt, d. h. wenn die Planeten wie in Bild 2 gezeichnet „in Konjunktion zur Sonne stehen". Die Konjunktionen folgen rein kinematisch mit der Kreisfrequenz $\Omega = \bar{\omega}_1 - \bar{\omega}_2$ aufeinander. Da aber für beide Eigenfrequenzen ω_i entsprechend (27) die Abstimmung $\omega_i = \bar{\omega}_i$ ($i = 1, 2$) gilt, kann man auch

$$\Omega = \omega_1 - \omega_2 \tag{28}$$

schreiben, und das ist in der Tat die dynamische Bedingung für KR: Rechts steht die Differenz der Eigenfrequenzen, links in der Rolle der Erregerfrequenz Ω die Frequenz der Kraft zwischen den beiden Schwingern. Das macht das Auftreten von KR plausibel.

Gleichung (28) gilt exakt allerdings nur für gleichförmige Kreisbewegungen der Planeten. Solche Bewegungen sind in Wirklichkeit wegen der gegenseitigen Störungen nicht möglich. Bei den tatsächlich auftretenden sehr kleinen Schwingungen (man vergleiche das Zahlenbeispiel Jupiter/Saturn) gilt (28) nur annähernd. Weil nämlich die Radiusvektoren r_i nicht ganz gleichförmig umlaufen und die Abstandsminima $\varrho_{\min}$ nicht genau mit den Konjunktionen zusammenfallen, ist die Kraft const/ϱ^2 zwischen den Planeten nicht genau periodisch, sondern die Zeiten τ zwischen den aufeinanderfolgenden Kraftmaxima bilden eine Folge etwas verschiedener Zahlen. Dasselbe gilt für die Quotienten $\Omega = 2\pi/\tau$. Sie erfüllen (28) bis auf wechselnde, aus Stetigkeitsgründen kleine Fehler, die offenbar klein genug sind, um die volle Ausbildung der KR des Falles I zwischen den beiden umlaufenden Schwingern zu ermöglichen, wie ja die himmelsmechanische Theorie der säkularen Störungen zeigt. Andererseits läßt sich die Unschärfe der Aussage (28) als eine gewisse Verstimmung des Systems deuten, auf die ja auch das Vorhandensein der Koeffizienten γ_1, γ_2 mit dem Verstimmungsmaß $\gamma_1 - \gamma_2$ hinweist. Das macht es verständlich, daß der Fall II, nämlich Schwingungsaufschaukelung bei Gegenlauf der Planeten, nicht eintreten kann. Das Maß $\gamma_1 - \gamma_2$, das jetzt wegen der verschiedenen Vorzeichen von γ_1 und γ_2 nicht verschwinden kann, ist groß genug, um die Erfüllung von (16) zu verhindern.

Die so beschriebene Kombinationsresonanz im Dreikörperproblem wird nicht durch eine von außen eingeprägte Erregerfrequenz bestimmt, sondern durch die Frequenz der pulsierenden inneren Anziehungskraft. Die Resonanz kann also nur als eine innere bezeichnet werden. Innere Resonanz nennt man in der Schwingungslehre (bei zwei gekoppelten Schwingern) den Fall kommensurabler Eigenfrequenzen ohne äußere Erregung. Gerade dieser Fall wurde aber oben ausgeschlossen. Der Begriff der inneren Resonanz muß also hier eine Erweiterung erfahren.

Abschließend sei noch erwähnt, daß man im räumlichen planetaren Dreikörperproblem, in dem die Ebenen der Planetenbahnen Neigungswinkel gegen die Ekliptikebene und Schnittlinien („Knoten"-Linien) mit ihr haben, für die Neigungswinkel und die Winkel zwischen Knoten und Frühlingspunkt dieselben Überlegungen anstellen und entsprechende Ergebnisse finden kann, wie sie oben für Exzentrizitäten und Perihellängen gegeben wurden. Darauf soll hier nicht eingegangen werden.

Literatur

1 Mettler, E., Die Hecubabewegung im eingeschränkten Dreikörperproblem als Beispiel einer nichtlinearen Schwingung, ZAMM 58 (1978) S. 121–132.
2 Laplace, P. S., Mechanik des Himmels, aus dem Französischen übersetzt von J. C. Burckhardt, Erster Theil, Berlin bey F. T. LaGarde 1800.
3 Päsler, M., Prinzipe der Mechanik, W. de Gruyter, Berlin 1968.
4 Charlier, C. L., Die Mechanik des Himmels, Bd. I, Verl. Veit u. Co. Leipzig 1902.
5 Mettler, E., Über höhere Näherungen in der Theorie des elastischen Pendels mit innerer Resonanz, ZAMM 55 (1975) S. 69–82.
6 Stumpff, K., Himmelsmechanik, Bd. II, VEB Deutscher Verl. d. Wiss. Berlin 1965.

Eingereicht am 29. 11. 1979

Anschrift: Prof. Dr. Eberhard Mettler, Geigersbergstr. 12, 7500 Karlsruhe 41, BRD

ZAMM 61, 7 – 20 (1981)

W. WEDIG

The Integration of Nonlinear Stochastic Systems with Applications to the Damage and Ambiguity Identification

Herrn Prof. Dr. FRITZ WEIDENHAMMER zum 60. Geburtstag gewidmet

The paper investigates nonlinear stochastic systems with piecewise linear characteristics whose multi-dimensional distribution densities are piecewise gaussian and therefore exactly calculable taking into account the necessary continuity and normalization conditions. Applying this approach to a cracked bending oscillator a spectral analysis is performed leading to the new phenomenon that the one degree of freedom system possesses two resonances the distance of which is a measure for the damage extension. In case of a vibrator with a piecewise progressive elasticity the spectral analysis is extended to amplitude frequency distributions in order to show the stochastic analogon to the ambiguity of the deterministic Duffing problem.

Der vorliegende Beitrag untersucht nichtlineare stochastische Systeme mit stückweise linearen Kennlinien, deren mehrdimensionale Verteilungsdichten stückweise gaussisch sind und daher streng berechnet werden können unter Berücksichtigung der notwendigen Stetigkeits- und Normierungsbedingungen. Eine erste Anwendung dieser Methode erfolgt beim angerissenen Biegeschwinger mit einem Freiheitsgrad und führt auf eine Spektraldichte mit zwei Resonanzen, deren Abstand ein Maß für die Rißtiefe ist. Bei einem Schwinger mit stückweise progressiver Federkennlinie werden Amplituden-Frequenz-Verteilungen hergeleitet, um das stochastische Analogon zur Mehrdeutigkeit des deterministischen Duffing-Problems zu erklären.

В настоящей работе изучаются нелинейные стохастические системы с кусочно-линейными характеристиками, многомерные плотности распределения которых являются кусочно-гауссовскими и поэтому могут быть рассчитаны точно с учётом необходимых условий непрерывности и нормировки. Этот метод находит первое приложение при изучении колебателя с зарождающейся трещиной, работающего в режиме изгибных колебаний, и приводит к спектральной плотности с двумя резонансами, расстояние между которыми служит мерой глубины трещины. Для колебателя с кусочно-прогрессивной характеристикой упругости получены амплитудно-частотные распределения для объяснения стохастического аналога многозначности детерминированной проблемы Дуффинга.

1. Introduction to the Problem

To identify vibration systems we suitably make use of an excitation mechanism which is able to excite all eigenfrequencies and all modes of the system in one test. For this purpose, we may apply a deterministic shock excitation as well as a stochastic stationary process which both content excitation frequencies with a broad bandwidth. But, because of its stationary properties, the random excitations have the advantage that they admit longer measurement times and therewith more exact measurement results, too. Furthermore, applying a noise generator, we don't need to measure the histograms of the excitation process. Finally, the stochastic procedure possesses the advantage that it admit no ambiguity. This is a consequence of the stochastic description by linear characteristics allowing to realize all catchment areas of a nonlinear system in one test independent of any given initial conditions.

First applications to the identification of nonlinear systems are presented in the following contribution in which we investigate one degree of freedom systems with piecewise linear characteristics. Special examples are a bending oscillator with a partially cracked restoring element or a DUFFING vibrator with a piecewise progressive elasticity. Both systems are shown in figure 1. The associated equations of motion are of the form:

$$\ddot{X}_t + 2D_1\omega_1\dot{X}_t + \omega_1^2 f(X_t) = \sigma\dot{W}_t\,, \qquad E(\dot{W}_t\dot{W}_s) = \delta(t-s)\,. \tag{1}$$

They describe the displacement X_t and the velocity process $\dot{X}_t$ of such oscillators under a normed white noise excitation $\dot{W}_t$ having a vanishing mean value and the above noted correlation given by the DIRAC's delta function $\delta(.)$. The parameter σ denotes the spectral intensity of this random excitation. The parameters ω_1 and D_1 are the eigenfrequency of the systems and the damping ratio, respectively. The functions $f(x)$ given in figure 1 are the nonlinear spring characteristics of the systems. Obviously, we are able to construct analytical functions $f(\varepsilon, x)$ which go over to the piecewise linear characteristics in the limiting case $\varepsilon \to 0$ such that we obtain the relation

$$\lim_{\varepsilon\to 0} f(\varepsilon, x) = [1 - \tfrac{1}{2}\gamma(1 - \operatorname{sign} x)]\, x = x \begin{cases} 1 & \text{for} \quad x > 0\,, \\ (1-\gamma) & \text{for} \quad x < 0 \end{cases} \tag{2}$$

in the case of the cracked bending oscillator.

Up to now, we know only approximation methods for the analytical investigations of such nonlinear stochastic systems. A first method developed by CAUGHEY [1] in 1960 replaces the nonlinear stochastic equation by an equi-

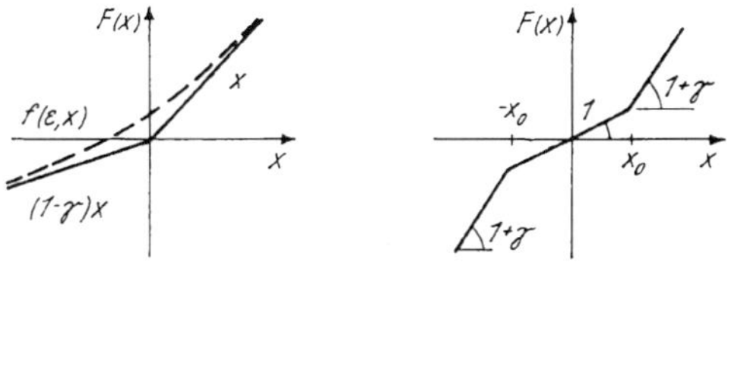

Fig. 1. Oscillators with piecewise linear characteristics

valent linear system. The application of this equivalent linearization technique is also possible in case of multi-degree of freedom systems [2]. A second approach uses the associated diffusion equations in order to describe the nonlinear solution processes by their density distributions. To a first approximation such diffusion or FOKKER-PLANCK equations may be investigated by means of a stochastic averaging method due to STRATONOVITCH [3] and al. [4].

Instead of these approximation techniques we introduce a new exact integration method using the basic concept [5] that the solution vector of such systems is piecewise gaussian having a well-known multidimensional normal distribution density in each subspace of the density vector in which linearity is submitted. The distribution parameters associated to each subspace are mean values and covariances. They can be calculated by linear moments' equations. The distribution densities are one-dimensionally fitted by distribution constants following from the necessary normalization and continuity conditions at the boundaries of the subspaces [6].

We first explain this approach at a simple one-dimensional system. Then, we extend it to two-dimensional problems in order to establish the corresponding continuity conditions and to calculate the associated correlation functions and power spectra. Finally, we apply the method to the cracked bending oscillator deriving a new phenomenon which allows to measure the damage extension in the frequency domain and we give a minor extension of the stochastic frequency analysis in order to explain the stochastic analogon to the ambiguity of the deterministic DUFFING oscillator.

2. Integration of an One-Dimensional System

As already mentioned, we start with a simple nonlinear system described by the following scalar equation:

$$\dot{X}_t + \omega_g f(\varepsilon, X_t) = \sigma \dot{W}_t \,, \qquad \mathrm{d}X_t = \quad \omega_g f(\varepsilon, X_t)\,\mathrm{d}t + \sigma\,\mathrm{d}W_t \,. \tag{3}$$

Herein, the parameter ω_g denotes a limit frequency and $f(\varepsilon, X_t)$ is the analytic function of the cracked bending characteristic (2).

2.1. Application of the diffusion theory

It is well-known [7] that such an analytical system can be described by the ITÔ differential equation standing on the right side of (3). It is associated to a diffusion equation of the form:

$$\frac{\partial p}{\partial t} + \frac{\partial}{\partial x}[-\omega_g f(\varepsilon, x)\, p] - \frac{\partial^2}{\partial x^2}\sigma^2 p \frac{1}{2} = 0 \,, \qquad \lim_{s \uparrow t} p(s, x, t, y) = \delta(x - y) \,. \tag{4}$$

Following [7, p. 56], the drift term $\omega_g f(\varepsilon, x)$ can be identified by the avaraged velocity of X_t provided the process starts with $X_s = x$. The diffusion term σ is a measure of the local fluctuation intensity about this averaged value. The transition probability density $p(s, x, t, y)$ is a function of four arguments satisfying the initial condition noted above. Given an initial probability $w(x, s = t_0)$, we obtain the associated one-dimensional density

$$w(y, t) = \int_{-\infty}^{\infty} p(t_0, x, t, y)\, w(x, t_0)\,\mathrm{d}x \,, \qquad w(y_1, t_1; y_2, t_2) = p(t_1, y_1, t_2, y_2)\, w(y_1, t_1) \tag{5}$$

as well as higher order density functions according to the well known properties of MARKOV processes.

The one-dimensional density function $w(y, t) = w(x, t)$ satisfies also the diffusion equation (4). Hence, its stationary solution can be determined by the relations

$$\frac{\partial w}{\partial t} = 0: \qquad \frac{\partial}{\partial x}[-\omega_g f(\varepsilon, x)\, w] - \frac{1}{2}\sigma^2 \frac{\partial^2 w}{\partial^2 x} = 0 \,,$$

$$w(x) = C \exp\left[-2\omega_g \frac{1}{\sigma^2} \int f(\varepsilon, x)\,\mathrm{d}x\right] ; \qquad \int_{-\infty}^{\infty} w(x)\,\mathrm{d}x = 1 \tag{6}$$

for any arbitrary nonlinear characteristic $f(\varepsilon, x)$. The distribution constant C follows from the normalization condition noted in (6). In the limiting case $\varepsilon \to 0$, $w(x)$ is piecewise normally distributed and continuous at the boundary $x = 0$. A discontinuity at $x = 0$ is only possible if $\omega_g f(\varepsilon, x)$ is singular at this position having the consequence that the averaged velocity of the solution process becomes singular. However, this contradicts the requirement of stationarity.

2.2. Formulation of a transformation theory

Naturally, such diffusion equations are only solvable in some special cases. We are therefore looking for a solution method which is independent of the diffusion theory. For this purpose we make use of the following theorem of conditional probabilities:

$$P(X_t \leqq x \cap X_t > 0) = P(X_t \leqq x \mid X_t > 0)\, P(X_t > 0) \,,$$

$$\int_0^x w_p(x')\,\mathrm{d}x' = \int_0^x w_g(x' \mid X_t > 0)\,\mathrm{d}x' \int_0^{\infty} w_p(x)\,\mathrm{d}x \,. \tag{7}$$

Under the condition the process X_t is starting in the positive semiaxis $x > 0$, the associated distribution density $w_g(x \mid X_t > 0)$ is gaussian and calculable by the well known linear theory. In particular, we can always give such an initial probability that the process X_t is starting stationary in $x > 0$. In a second step we cancel the conditional probability by multiplying it with the distribution constant $C_p = P(X_t > 0)$. An analogous relation is valid for the negative semiaxis $x < 0$. Hence, the stationary solution process X_t is described by two normally distributed density functions of the form

$$w_p(x) = C_p w_g(x \mid X_t > 0)\,, \qquad w_n(x) = C_n w_g(x \mid X_t < 0)\,,$$
$$w_g(x \mid X_t > 0) = \sqrt{\frac{2/\pi}{k_p}} \exp\left[-\frac{1}{2k_p}(x - m_p)^2\right] \quad \text{for} \quad x > 0\,, \tag{8}$$
$$w_g(x \mid X_t < 0) = \sqrt{\frac{2/\pi}{k_n}} \exp\left[-\frac{1}{2k_n}(x - m_n)^2\right] \quad \text{for} \quad x < 0\,.$$

The distribution parameters in (8) are mean values m and covariances k associated to both semiaxis in which they are calculable by the well known moments' equations of the linear theory.

$$x > 0: \quad \dot{m}_p = -\omega_g m_p\,, \qquad x < 0: \quad \dot{m}_n = -\omega_g(1 - \gamma)\, m_n\,,$$
$$\dot{m}_{2,p} = -2\omega_g m_{2,p} + \sigma^2\,, \qquad \dot{m}_{2,n} = -2\omega_g m_{2,n}(1 - \gamma) + \sigma^2\,. \tag{9}$$

For $\dot{m} = 0$ they possess the stationary solutions

$$m_p = m_n = 0\,, \qquad k_p = \frac{\sigma^2}{2\omega_g} \quad \text{for} \quad x > 0\,,$$
$$k = m_2 - m^2\,, \qquad k_n = \frac{\sigma^2}{2\omega_g}\frac{1}{1 - \gamma} \quad \text{for} \quad x < 0\,. \tag{10}$$

Finally, the distribution constants C_p and C_n are determined using the following normalization and continuity conditions:

$$w_p(x = +0) = w_n(x = -0)\,, \quad \frac{C_p}{\sqrt{k_p}} = \frac{C_n}{\sqrt{k_n}}\,,$$
$$\int_0^\infty w_p(x)\,\mathrm{d}x + \int_{-\infty}^0 w_n(x)\,\mathrm{d}x = 1\,, \qquad C_p + C_n = 1\,. \tag{11}$$

These are two linear equations resulting in

$$C_p = \frac{\sqrt{k_p}}{\sqrt{k_p} + \sqrt{k_n}}\,, \qquad C_n = \frac{\sqrt{k_n}}{\sqrt{k_p} + \sqrt{k_n}}\,. \tag{12}$$

As already mentioned, the continuity condition in (11) is necessary to avoid singularities of the stationary diffusion process X_t at $x = 0$. This is also physically obvious if we make use of the analogon of the heat conduction in two different media. In this analogous problem the associated temperatur distribution has to be continuous at the boundary layer since the quantity of the heat transport is proportional to the gradient of the temperature. Discontinuities in the one-dimensional distribution (see figure 2) are therefore only realizable if both media are completely isolated and an exchange of the process is excluded.

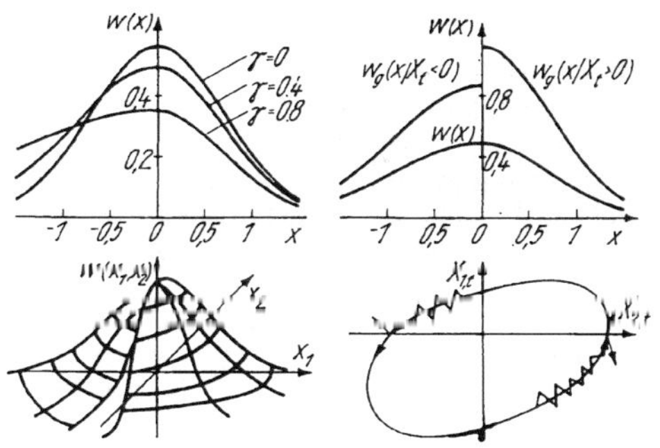

Fig. 2: Density functions of the nonlinear scalar system

3. Two-Dimensional Distribution Densities

The above considerations are extended to a two-dimensional problem:

$$\dot{X}_{1,t} + \omega_g f(\varepsilon, X_{1,t}) = X_{2,t}\,, \qquad \dot{X}_{2,t} + \nu_g X_{2,t} = \sigma \dot{W}_t\,. \tag{13}$$

It describes the same nonlinear scalar system but now under coloured noise $X_{2,t}$ generated from white noise $\dot{W}_t$ by a linear filter with the limit frequency ν_g.

3.1. Two-Dimensional Transformation Theory

Applying the conditional probability theorem to (13) we obtain similar as in (7)

$$P(\boldsymbol{X}_t \leqq \boldsymbol{x} \cap X_{1,t} > 0) = P(\boldsymbol{X}_t \leqq \boldsymbol{x} \mid X_{1,t} > 0)\, P(X_{1,t} > 0)\,, \qquad \boldsymbol{X}_t = (X_{1,t}, X_{2,t})^T\,, \tag{14}$$
$$\int_0^{x_1}\int_{-\infty}^{x_2} w_p(x_1', x_2')\,\mathrm{d}x_2'\,\mathrm{d}x_1' = \int_0^{x_1}\int_{-\infty}^{x_2} w_g(x_1', x_2' \mid X_{1,t} > 0)\,\mathrm{d}x_2'\,\mathrm{d}x_1' \int_0^\infty\int_0^\infty w_p(x_1, x_2)\,\mathrm{d}x_2\,\mathrm{d}x_1\,,$$

resulting in the two different normal densities

$$w_p(x_1, x_2) = C_p w_g(x_1, x_2 \mid X_{1,t} > 0)\,, \qquad w_n(x_1, x_2) = C_n w_g(x_1, x_2 \mid X_{1,t} < 0)\,,$$
$$w_g(x_1, x_2) = \frac{1}{\pi\sqrt{|K|}} \exp\left[-\frac{1}{2}(\boldsymbol{x} - \boldsymbol{m})^T K^{-1}(\boldsymbol{x} - \boldsymbol{m})\right], \qquad \boldsymbol{x} = (x_1, x_2)^T \tag{15}$$

for each half-plane $x_1 > 0$ and $x_1 < 0$. The piecewise linear system (13) holding in $x_1 < 0$ leads to the moments' equations

$$\dot m_1 = -\omega_g(1-\gamma)\, m_1 + m_2\,, \qquad \dot m_{11} = -2\omega_g(1-\gamma)\, m_{11} + 2m_{12}\,,$$
$$\dot m_2 = -\nu_g m_2\,, \qquad \dot m_{12} = m_{22} - [\nu_g + \omega_g(1-\gamma)]\, m_{12}\,, \tag{16}$$
$$\dot m_{22} = -2\nu_g m_{22} + \sigma^2\,, \qquad k_{ij} = m_{ij} - m_i m_j\,, \qquad (i, j = 1, 2)$$

and therewith to the following stationary solutions:

$$m_1^n = m_2^n = 0\,, \qquad k_{12}^n = \frac{\sigma^2}{2\nu_g}\frac{1}{\nu_g + \omega_g(1-\gamma)}\,,$$
$$k_{22}^n = \frac{\sigma^2}{2\nu_g}\,, \qquad k_{11}^n = \frac{\sigma^2}{2\nu_g}\frac{1}{\nu_g + \omega_g(1-\gamma)}\frac{1}{\omega_g(1-\gamma)}\,. \tag{17}$$

Obviously, the nonlinearity parameter γ of these results can simply be replaced by $\gamma := 0$ in order to obtain the distribution parameters k_{ij}^p $(i, j = 1, 2)$ for $x_1 > 0$, as well.

The associated stationary density function has the form

$$w(x_1, x_2) = \frac{1}{\pi}\begin{cases} \dfrac{C_p}{\sqrt{|K_p|}} \exp\left[-\dfrac{1}{2|K_n|}(k_{22}^p x_1^2 - 2k_{12}^p x_1 x_2 + k_{11}^p x_2^2)\right], & (x_1 > 0)\,, \\[2ex] \dfrac{C_n}{\sqrt{|K_n|}} \exp\left[-\dfrac{1}{2|K_n|}(k_{22}^n x_1^2 - 2k_{12}^n x_1 x_2 + k_{11}^n x_2^2)\right], & (x_1 < 0)\,. \end{cases} \tag{18}$$

According to the compatibility property of density functions we go over to the one-dimensional density of

$$w(x_1) = \int_{-\infty}^{\infty} w(x_1, x_2)\, dx_2 = \frac{2}{\sqrt{2\pi}}\begin{cases} \dfrac{C_p}{\sqrt{k_{11}^p}} \exp\left(-\dfrac{1}{2k_{11}^p}x_1^2\right), & \text{for } x_1 > 0\,, \\[2ex] \dfrac{C_n}{\sqrt{k_{11}^n}} \exp\left(-\dfrac{1}{2k_{11}^n}x_1^2\right), & \text{for } x_1 < 0\,, \end{cases} \tag{19}$$

and determine the distribution constant C_p and C_n using the necessary normalization and continuity conditions. This results in

$$w_p(x_1 = +0) = w_n(x_1 = -0)\,,$$
$$\int_0^\infty w_p(x_1)\, dx_1 + \int_{-\infty}^0 w_n(x_1)\, dx_1 = 1\,, \quad \frac{C_p}{\sqrt{k_{11}^p}} = \frac{C_n}{\sqrt{k_{11}^n}} = \frac{1}{\sqrt{k_{11}^p} + \sqrt{k_{11}^n}}\,, \tag{20}$$

by which the density function $w(x_1)$ and $w(x_1, x_2)$ are completely calculated. As shown in figure 2, the one-dimensional density function $w(x_1)$ is steady at $x_1 = 0$, meanwhile the two-dimensional density function $w(x_1, x_2)$ is obviously unsteady at the boundary line $x_1 = 0$. This is a consequence of the conditional probability condition $P(x_{1,t} > 0)$ in (14) which is a constant and independent of the distribution variables x_1 and x_2 in this two-dimensional case, too. Hence, the continuity condition is only one-dimensionally realizable and according to the theorem of KOLMOGOROV, it has to be applied in the marginal density functions in order to avoid singular drift-terms or singular averaged velocities of the one-dimensional stationary processes $X_{1,t}$ and $X_{2,t}$.

3.2. Diffusion Solution via Differences Equations

In the following it is shown that discontinuities in the two-dimensional density functions are admissible from two further points of view [6]. First, we apply the diffusion theory to the following form of (13):

$$\dot X_{1,t} = -\omega_g[1 - \tfrac{1}{2}\gamma(1 - \operatorname{sign} X_{1,t})]\, X_{1,t} + X_{2,t}\,, \qquad \dot X_{2,t} = -\nu_g X_{2,t} + \sigma \dot W_t\,,$$
$$\frac{\sigma^2}{2}\frac{\partial^2 p}{\partial x_2^2} = -\left[\nu_g + \omega_g - \frac{1}{2}\gamma\omega_g(1 - \operatorname{sign} x_1)\right]p - \nu_g x_2 \frac{\partial p}{\partial x_2} - \left[\omega_g x_1 - \frac{1}{2}\gamma\omega_g x_1(1 - \operatorname{sign} x_1) - x_2\right]\frac{\partial p}{\partial x_1}\,. \tag{21}$$

The associated FOKKER-PLANCK equation is noted above. Since such two-dimensional density equations are in general not exactly integrable we choose a method of differences with ascending differences in the positive semiaxis and descending ones in $x_1 < 0$. Then, we obtain ordinary differential equations at the positions $x_i = \pm ih$ $(i = 0, 1, 2, \ldots, n)$ starting below and above the boundary line $i = 0$ with the following forms:

$$\vdots$$
$$\frac{\sigma^2}{2} p_{+0}''(x_2) = -(\nu_g + \omega_g)\, p_{+0}(x_2) - \nu_g x_2 p_{+0}'(x_2) + x_2 \frac{1}{h}[p_1(x_2) - p_{+0}(x_2)]\,,$$
$$\frac{\sigma^2}{2} p_{-0}''(x_2) = -[\nu_g + \omega_g(1-\gamma)]\, p_{-0}(x_2) - \nu_g x_2 p_{-0}'(x_2) + x_2 \frac{1}{h}[p_{-0}(x_2) - p_{-1}(x_2)]\,. \tag{22}$$
$$\vdots$$

Obviously both differences equations are identical up to the underlined coefficients in their first terms. From this it follows that they lead to a different solution behaviour in x_2 and therewith to a discontinuity at $x_1 = 0$.

However, such discontinuities in the two-dimensional density function are also physically feasible if we again make use of the analogon of the atomic heat transport. In the two-dimensional case we observe two-dimensional realizations of the solution processes $X_{1,t}$ and $X_{2,t}$ similar as they are shown in figure 2. Because of the frequency limited excitation $X_{2,t}$ they are concentrated about orbits of the phase space characterized by slant cuttings at the boundary layer $x_1 = 0$. They have the consequence that at $x_1 = 0$ sloping impacts are possible and therewith reflexions of the diffusion processes leading to discontinuities in the associated energy distribution without that any singularities are occuring in the averaged velocities of the diffusion processes.

Naturally, it is also possible to investigate the probability measure $P(X_{1,t} = 0)$ associated to the discontinuity itself. It is calculated by the set-up

$$P(X_{2,t} \leqq x_2) = P_{2,t}(X \leqq x_2 \cap X_{1,t} > 0) + P(X_{2,t} \leqq x_2 \cap X_{1,t} < 0) + P(X_{2,t} \leqq x_2 \cap X_{1,t} = 0)\,, \quad (23)$$

$$\int_{-\infty}^{x_2} w(x_2')\,\mathrm{d}x_2' = \int_{-\infty}^{x_2}\int_{0}^{\infty} w_p(x_1, x_2')\,\mathrm{d}x_1\,\mathrm{d}x_2' + \int_{-\infty}^{x_2}\int_{-\infty}^{\infty} w_n(x_1, x_2')\,\mathrm{d}x_1\,\mathrm{d}x_2' + \int_{-\infty}^{x_2} w_0(x_2')\,\mathrm{d}x_2'$$

leading to the following density functions

$$w(x_2) = \frac{1}{\sqrt{2\pi k_{22}}} \exp\left(-\frac{x_2^2}{2k_{22}}\right) = w_p(x_2) + w_n(x_2) + w_0(x_2)\,. \quad (24)$$

Herein, $w(x_2)$ is a well known normal distribution. The density functions $w_p(x_2)$ and $w_n(x_2)$ are non-gaussian following from (18) by an integration over the entire domain of x_1.

$$\left.\begin{matrix} w_p(x_2) \\ w_n(x_2) \end{matrix}\right\} = \frac{1}{\sqrt{2\pi k_{22}}} \frac{1}{\sqrt{k_{11}^p} + \sqrt{k_{11}^n}} \exp\left(-\frac{x_2^2}{2k_{22}}\right) \begin{cases} \sqrt{k_{11}^p}\left[1 + \Phi\left(x_2 \sqrt{\dfrac{k_{22}}{2|K_p|}}\right)\right], \\ \sqrt{k_{11}^n}\left[1 + \Phi\left(x_2 \sqrt{\dfrac{k_{22}}{2|K_n|}}\right)\right]. \end{cases} \quad (25)$$

Together, both distributions possess the probability measure one.

$$\int_{-\infty}^{\infty} w_p(x_2)\,\mathrm{d}x_2 = \frac{\sqrt{k_{11}^p}}{\sqrt{k_{11}^p} + \sqrt{k_{11}^n}}\,, \qquad \int_{-\infty}^{\infty} w_n(x_2)\,\mathrm{d}x_2 = \frac{\sqrt{k_{11}^n}}{\sqrt{k_{11}^p} + \sqrt{k_{11}^n}} \quad (26)$$

Hence, the density function $w_0(x_2)$ of the discontinuity line is also explicitly calculable. It leads to the probability measure zero.

4. Correlation and Spectral Analysis

In order to get the stationary correlation function of the one-dimensional nonlinear system (3), we have to set up the associated two-dimensional density function at two different times t_1 and t_2. We perform this procedure using the markovian property (5).

4.1. Statistical Dependence of Nonlinear Processes

As already mentioned, the solution process X_t of the nonlinear system (3) is markovian. Therefore, it is described by an one-dimensional transition probability density of the following form:

$$p(s, x, t, y) = \frac{2}{\sqrt{2\pi}} \begin{cases} \dfrac{C_p}{\sqrt{k_p}} \exp\left[-\dfrac{1}{2k_p}(y - m_p)^2\right], & \text{for} \quad y > 0\,, \\ \dfrac{C_n}{\sqrt{k_n}} \exp\left[-\dfrac{1}{2k_n}(y - m_n)^2\right], & \text{for} \quad y < 0\,. \end{cases} \quad (27)$$

First, we calculate the associated distribution parameters. They are nonstationary solutions of the linear moments equations (9). Furthermore, they have to satisfy the below noted initial conditions following from the singular distribution density (4).

$$\begin{aligned} m_n(s, t, x) &= x n_n(s, t) = x \exp\left[-\omega_g(1 - \gamma)(t - s)\right]\,, \qquad \text{I.C.: } m_n(t = s) = x\,, \\ k_n(s, t) &= \frac{\sigma^2}{2\omega_g} \frac{1}{1 - \gamma}\left[1 - \exp\left[-2\omega_g(1 - \gamma)(t - s)\right]\right]\,, \quad k_n(t = s) = 0\,. \end{aligned} \quad (28)$$

Obviously, they are valid for $t \geqq s$ and $y < 0$. For $y > 0$ we replace the parameter γ by $\gamma := 0$ in order to obtain the mean value $m_p(s, x, t)$ and the variance function $k_p(s, t)$. In a second step we determine the distribution constants C_p and C_n using the normalization and continuity conditions

$$p(s, x, t, y = -0) = p(s, x, t, y = +0)\,, \qquad \int_{-\infty}^{\infty} p(s, x, t, y)\,\mathrm{d}y = 1\,. \quad (29)$$

Evaluating these two linear equations we finally obtain a transition probability density function of the following explicit form:

$$p(s, x, t, y) = C(x, t, s) \begin{cases} \exp\left[-\frac{1}{2k_p(s, t)}[y^2 + 2n_p(s, t)\, xy]\right] & \text{for } y > 0\,, \\ \exp\left[-\frac{1}{2k_n(s, t)}[y^2 + 2n_n(s, t)\, xy]\right] & \text{for } y < 0\,, \end{cases} \tag{30}$$

$$C(x, t, s) = \frac{\sqrt{2/\pi}}{\sqrt{k_p}\exp\left(\frac{x^2 n_p^2}{2k_p}\right)\left[1 + \Phi\left(\frac{x n_p}{\sqrt{2k_p}}\right)\right] + \sqrt{k_n}\exp\left(\frac{x^2 n_n^2}{2k_n}\right)\left[1 - \Phi\left(\frac{x n_n}{\sqrt{2k_n}}\right)\right]}\,.$$

It is normal in y and steady at the boundary $y = 0$.

By means of this result we are ready to derive the associated one-dimensional and two-dimensional densities. According to (5) we first go over to the one-dimensional function. Passing to the limiting case $t \to \infty$ it has the stationary form

$$w(y) = C(0) \begin{cases} \exp\left[-\frac{y^2}{2k_p(0)}\right], & (y > 0)\,, \quad k_n(0) = \frac{\sigma^2}{2\omega_g}\frac{1}{1-\gamma}\,, \\ \exp\left[-\frac{y^2}{2k_n(0)}\right], & (y < 0)\,, \quad C(0) = \frac{\sqrt{2/\pi}}{\sqrt{k_p(0)} + \sqrt{k_n(0)}}\,. \end{cases} \tag{31}$$

Then, we apply again the markovian property (5) in obtaining for each quadrant of the y_1, y_2-plane the following four stationary density functions in dependence of the time difference $\tau = |t - s|$:

$$\begin{aligned} w_{pp} &= C(0)\, C(y_1, \tau) \exp\left[-\frac{y_1^2}{2k_p(0)}\right] \exp\left[-\frac{1}{2k_p(\tau)}[y_2^2 + 2n_p(\tau)\, y_1 y_2]\right], & (y_1 > 0, y_2 > 0)\,, \\ w_{np} &= C(0)\, C(y_1, \tau) \exp\left[-\frac{y_1^2}{2k_n(0)}\right] \exp\left[-\frac{1}{2k_p(\tau)}[y_2^2 + 2n_p(\tau)\, y_1 y_2]\right], & (y_1 < 0, y_2 > 0)\,, \\ w_{pn} &= C(0)\, C(y_1, \tau) \exp\left[-\frac{y_1^2}{2k_p(0)}\right] \exp\left[-\frac{1}{2k_n(\tau)}[y_2^2 + 2n_n(\tau)\, y_1 y_2]\right], & (y_1 > 0, y_2 < 0)\,, \\ w_{nn} &= C(0)\, C(y_1, \tau) \exp\left[-\frac{y_1^2}{2k_n(0)}\right] \exp\left[-\frac{1}{2k_n(\tau)}[y_2^2 + 2n_n(\tau)\, y_1 y_2]\right], & (y_1 < 0, y_2 < 0)\,. \end{aligned} \tag{32}$$

They are nongaussian in y_1, but continuous at the boundary lines $y_1 = 0$ and $y_2 = 0$. This is a consequence of the white noise perturbation in (3) having no limited excitation frequencies. In particular, the four density functions (32) have to satisfy the consistence and symmetry conditions. For $y_1 \geqq 0$ these conditions are

$$\begin{aligned} w_p(y_1) &= \int_0^\infty w_{pp}(y_1, y_2)\, dy_2 + \int_{-\infty}^0 w_{pn}(y_1, y_2)\, dy_2 = C(0) \exp\left[-\frac{y_1^2}{2k_p(0)}\right], \\ w_p(y_2) &= \int_0^\infty w_{pp}(y_1, y_2)\, dy_1 + \int_{-\infty}^0 w_{np}(y_1, y_2)\, dy_1 = C(0) \exp\left[-\frac{y_2^2}{2k_p(0)}\right]. \end{aligned} \tag{33}$$

Both can be used to perform the integrations which are necessary for the calculations of the expectation values. The expectation value of interest is the correlation function:

$$\begin{aligned} E(X_t X_{t+\tau}) = {} & \int_0^\infty \int_0^\infty y_1 y_2 w_{pp}(y_1, y_2)\, dy_2\, dy_1 + \int_{-\infty}^0 \int_0^\infty y_1 y_2 w_{np}(y_1, y_2)\, dy_2\, dy_1 + \\ & + \int_0^\infty \int_{-\infty}^0 y_1 y_2 w_{pn}(y_1, y_2)\, dy_2\, dy_1 + \int_{-\infty}^0 \int_{-\infty}^0 y_1 y_2 w_{nn}(y_1, y_2)\, dy_2\, dy_1\,. \end{aligned} \tag{34}$$

We perform a partial integration with respect to the density variable y_2 and commute the sequence of integration:

$$\begin{aligned} E(X_t X_{t+\tau}) = {} & \int_0^\infty \frac{k_p(\tau)}{n_p(\tau)}\left[\frac{y_2^2}{k_p(\tau)} - 1\right]\left[\int_0^\infty w_{pp}(y_1, y_2)\, dy_1 + \int_{-\infty}^0 w_{np}(y_1, y_2)\, dy_1\right] dy_2 + \\ & + \int_{-\infty}^0 \frac{k_n(\tau)}{n_n(\tau)}\left[\frac{y_2^2}{k_n(\tau)} - 1\right]\left[\int_0^\infty w_{pn}(y_1, y_2)\, dy_1 + \int_{-\infty}^0 w_{nn}(y_1, y_2)\, dy_1\right] dy_2\,. \end{aligned} \tag{35}$$

Applying the symmetry condition noted in (33) reduces the double integrals to single ones which can simply be evaluated:

$$E(X_t X_{t+\tau}) = \int_0^\infty \frac{k_p(\tau)}{n_p(\tau)}\left[\frac{y_2^2}{k_p(\tau)} - 1\right] w_p(y_2)\,\mathrm{d}y_2 + \int_{-\infty}^0 \frac{k_n(\tau)}{n_n(\tau)}\left[\frac{y_2^2}{k_n(\tau)} - 1\right] w_n(y_2)\,\mathrm{d}y_2\,,$$

$$E(X_t X_{t+\tau}) = \frac{1}{\sqrt{k_p(0)} + \sqrt{k_n(0)}}\left[\frac{\sqrt{k_p(0)}}{n_p(\tau)}[k_p(0) - k_n(\tau)] + \frac{\sqrt{k_n(0)}}{n_n(\tau)}[k_n(0) - k_n(\tau)]\right]. \tag{36}$$

Finally, we insert the distribution parameters, calculated in (28) and obtain the stationary correlation function $R_{xx}(\tau)$ in dependence of the time difference τ:

$$E(X_t X_{t+\tau}) = R_{xx}(\tau) = \frac{\sigma^2}{2\omega_g}\frac{1}{1+\sqrt{1-\gamma}}\left[\sqrt{1-\gamma}\exp(-\omega_g|\tau|) + \frac{1}{1-\gamma}\exp(-\omega_g(1-\gamma)|\tau|)\right],$$

$$S_{xx}(\omega) = 2\int_0^\infty R_{xx}(\tau)\cos\omega\tau\,\mathrm{d}\tau = \frac{\sigma^2}{1+\sqrt{1-\gamma}}\left[\frac{\sqrt{1-\gamma}}{\omega_g^2+\omega^2} + \frac{1}{\omega_g^2(1-\gamma)^2+\omega^2}\right]. \tag{37}$$

Its FOURIER transform is the associated spectral density $S_{xx}(\omega)$ noted above. Both statistical characteristics are sketched in figures 3.

4.2. Application of a Delta-Filter Technique

As in the case of linear systems, the calculations of power-spectra via time-dependent correlation functions can be simplified by analogous procedures in the frequency domain. For this purpose we apply the delta-filter technique of [8] and investigate a three-dimensional problem of the form:

$$X_{1,t} < 0:\quad \dot X_{1,t} = -\omega_g(1-\gamma)\,X_{1,t} + \sigma\dot W_t\,,\qquad X_{1,t} > 0:\quad \dot X_{1,t} = -X_{1,t}\omega_g + \sigma\dot W_t\,,$$

$$\dot X_{2,t} = X_{3,t}\,,\qquad \dot X_{3,t} = -2D_m\omega_m X_{3,t} - \omega_m^2 X_{2,t} + 2\sqrt{D_m\omega_m}X_{1,t}\,. \tag{38}$$

It consists of the nonlinear dynamic system (3) and a spectral filter realized by a linear second order circuit. The spectral densities of the stationary filter processes $X_{2,t}$ and $X_{3,t}$ are sketched in figure 3. We recognize that they have delta-shaped distributions concentrated at the filter frequency ω_m. In the limiting case of a vanishing damping $D_m \to 0$ the spectral densities of both processes are degenerating to DIRAC's delta functions:

$$\lim_{D_m\to 0}\frac{S_{x_3x_3}}{S_{x_1x_1}} = \lim_{D_m\to 0}\frac{4D_m\omega_m\omega^2}{(\omega_m^2-\omega^2)^2 + (2D_m\omega_m\omega)^2} = \delta(\omega \pm \omega_m)\,. \tag{39}$$

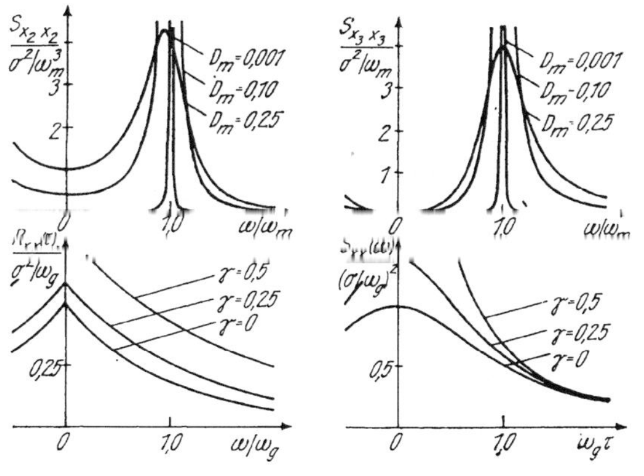

Fig. 3. Spectral distributions of the delta filter — Correlation and spectrum of the nonlinear system

Hence, they are able to estimate consistently the power spectrum $S_{x_1x_1}(\omega)$ of the input process $X_{1,t}$ whose frequency content has to be analysed. However, we choose the filter velocity $X_{3,t}$ as the measuring process since it is more appropriate for analytical computations that is shown in [8].

We start these computations by setting up the three-dimensional density function

$$w(\boldsymbol{x}) = \frac{2}{\sqrt{(2\pi)^3}}\begin{cases}\dfrac{C_p}{\sqrt{|K_p|}}\exp\left[-\dfrac{1}{2}(\boldsymbol{x}-\boldsymbol{m}_p)^T K_p^{-1}(\boldsymbol{x}-\boldsymbol{m}_p)\right] & \text{for } x_1 > 0\,,\\ \dfrac{C_n}{\sqrt{|K_n|}}\exp\left[-\dfrac{1}{2}(\boldsymbol{x}-\boldsymbol{m}_n)^T K_n^{-1}(\boldsymbol{x}-\boldsymbol{m}_n)\right] & \text{for } x_1 < 0\,,\end{cases} \tag{40}$$

For $x_1 < 0$ the moments' equations associated to (38) read

$$\begin{aligned}
&\dot{m}_1 = -\omega_g(1-\gamma)\, m_1\,, \qquad \dot{m}_2 = m_3\,, \qquad \dot{m}_3 = -2D_m\omega_m m_3 - \omega_m m_2 + 2\sqrt{D_m\omega_m}\, m_1\,,\\
&\dot{m}_{11} = -\omega_g(1-\gamma)\, m_{11} + \sigma^2\,, \qquad \dot{m}_{12} = m_{13} - \omega_g(1-\gamma)\, m_{12}\,, \qquad \dot{m}_{22} = 2m_{23}\,,\\
&\dot{m}_{13} = -[2D_m\omega_m + \omega_g(1-\gamma)]\, m_{13} - \omega_m^2 m_{12} + 2\sqrt{D_m\omega_m}\, m_{11}\,,\\
&\dot{m}_{23} = m_{33} - 2D_m\omega_m m_{23} - \omega_m^2 m_{22} + 2\sqrt{D_m\omega_m}\, m_{12}\,, \qquad k_{ij} = m_{ij} - m_i m_j\,,\\
&\dot{m}_{33} = -2\omega_m^2 m_{23} - 4D_m\omega_m m_{33} + 4\sqrt{D_m\omega_m}\, m_{13}\,, \qquad i, j = 1, 2, 3\,.
\end{aligned} \tag{41}$$

They possess the following stationary solutions of interest:

$$\begin{aligned}
&m_1^n = m_2^n = m_3^n = 0\,, \qquad \Delta_n = \omega_m^2 + \omega_g(1-\gamma)\,[2D_m\omega_m + \omega_g(1-\gamma)]\,,\\
&k_{11}^n = \frac{\sigma^2}{2\omega_g}\frac{1}{1-\gamma}\,, \qquad k_{13}^n = \sqrt{D_m\omega_m}\,\frac{\sigma^2}{\Delta_n}\,, \qquad k_{33}^n = \frac{\sigma^2}{\Delta_n}\,.
\end{aligned} \tag{42}$$

Herein, the parameter γ can simply be replaced by $\gamma := 0$ in order to get the distribution parameters k_{ij}^p which are valid in the positive subspace $x_1 > 0$. Integrating $w(x_1, x_2, x_3)$ over the entire x_2, x_3-plane leads finally to the one-dimensional density function $w(x_1)$ and allows to determine the distribution constants C_p and C_n using the one-dimensional continuity condition and the necessary normalization condition. The associated results are already noted in (19) and in (20).

As already mentioned, we are only interested in the stationary process $X_{1,t}$ of the nonlinear system and the measuring process $X_{3,t}$ of the linear filter (38). Both processes are statistically described by the following two-dimensional density distribution:

$$w(x_1, x_3) = \frac{\frac{1}{\pi}}{\sqrt{k_{11}^p} + \sqrt{k_{11}^n}} \begin{cases} \sqrt{\dfrac{k_{11}^p}{|K_p|}} \exp\left[-\dfrac{1}{2|K_p|}(k_{33}^p x_1^2 - 2k_{13}^p x_1 x_3 + k_{11}^p x_3^2)\right], & (x_1 > 0)\,,\\[2ex] \sqrt{\dfrac{k_{11}^n}{|K_n|}} \exp\left[-\dfrac{1}{2|K_n|}(k_{33}^n x_1^2 - 2k_{13}^n x_1 x_3 + k_{11}^n x_3^2)\right], & (x_1 < 0)\,. \end{cases} \tag{43}$$

It is piecewise gaussian and discontinuous at the boundary line $x_1 = 0$. Integrating $w(x_1, x_3)$ over $-\infty < x_1 < \infty$ leads to the one-dimensional density function of the measuring process $X_{3,t}$:

$$\begin{aligned}
w(x_3) = \frac{1}{\sqrt{2\pi}}\frac{1}{\sqrt{k_{11}^p} + \sqrt{k_{11}^n}} \Bigg[&\sqrt{\frac{k_{11}^p}{k_{33}^p}} \exp\left(-\frac{x_3^2}{2k_{33}^p}\right)\left[1 + \Phi\left(\frac{k_{13}^p x_3}{\sqrt{2k_{33}^p|K_p|}}\right)\right] +\\
&+ \sqrt{\frac{k_{11}^n}{k_{33}^n}} \exp\left(-\frac{x_3^2}{2k_{33}^n}\right)\left[1 - \Phi\left(\frac{k_{13}^n x_3}{\sqrt{k_{33}^n|K_n|}}\right)\right]\Bigg], \qquad |K| = k_{11}k_{33} - k_{13}^2\,.
\end{aligned} \tag{44}$$

It is an analytical function and nongaussian with the probability measure one. Finally, we determine the mean square of the stationary filter process $X_{3,t}$:

$$\begin{aligned}
&E(X_{3,t}^2) = \int_{-\infty}^{\infty} x_3^2 w(x_3)\, dx_3 = \frac{1}{\sqrt{k_{11}^p} + \sqrt{k_{11}^n}}\left[\sqrt{k_{11}^p}\, k_{33}^p + \sqrt{k_{11}^n}\, k_{33}^n\right],\\
&E(X_{3,t}^2) = \frac{\sigma^2}{1 + \sqrt{1-\gamma}}\left[\frac{\sqrt{1-\gamma}}{\omega_m^2 + 2D_m\omega_m\omega_g + \omega_g^2} + \frac{1}{\omega_m^2 + \omega_g(1-\gamma)\,[2D_m\omega_m + \omega_g(1-\gamma)]}\right].
\end{aligned} \tag{45}$$

Passing to the limiting case $D_m \to 0$ of a filtering concentrated at $\omega_m = \omega$,

$$\lim_{D_m \to 0,\, \omega_m = \omega} E(X_{3,t}^2) = S_{x_1x_1}(\omega) = \frac{\sigma^2}{1 + \sqrt{1-\gamma}}\left[\frac{\sqrt{1-\gamma}}{\omega^2 + \omega_g^2} + \frac{1}{\omega^2 + \omega_g^2(1-\gamma)^2}\right], \tag{46}$$

we obtain the spectral density of the nonlinear process $X_{1,t}$ which is obviously equal to the averaged amplitude quadrats of the measuring process $X_{3,t}$. Naturally, the limiting process $D_m \to 0$ can only analytically be performed. Practical measurements are restricted by a non-vanishing filter damping $0 < D_m \ll 1$ and by a finite transient time $T_m = 1/D_m\omega_m$ of the filter resulting in minor deviations from the exact mean square (46) which can be estimated by the formula (45).

5. Oscillator with a Cracked Restoring Element

The integration theory developed above is now applied to more practical problems. First, we investigate the following four-dimensional problem:

$$\begin{aligned}
&\dot{X}_{1,t} = X_{2,t}\,, \qquad \dot{X}_{2,t} = -2D_1\omega_1 X_{2,t} - \omega_1^2\,[1 - \tfrac{1}{2}\gamma(1 - \operatorname{sign} X_{1,t})]\, X_{1,t} + \sigma \dot{W}_t\,,\\
&\dot{X}_{3,t} = X_{4,t}\,, \qquad \dot{X}_{4,t} = -2D_m\omega_m X_{4,t} - \omega_m^2 X_{3,t} + 2\sqrt{D_m\omega_m}\,(\alpha X_{1,t} + \beta X_{2,t})\,.
\end{aligned} \tag{47}$$

It consists of the nonlinear dynamic system (1) of a cracked bending oscillator with the restoring characteristic (2) and of the linear second order filter (38) in order to analyse the frequency content of the nonlinear state processes

$X_{1,t}$ and $X_{2,t}$ of the system. For $\alpha = 1$ and $\beta = 0$ the filtering process $X_{4,t}$ is measuring the vibration displacement $X_{1,t}$ of the nonlinear system. Its velocity process $X_{2,t}$ can be analysed by setting $\alpha = 0$ and $\beta = 1$.

5.1. Stationary Densities of the Cracked Oscillator

In the stationary case the four-dimensional density function $w(x_1 \dots x_4)$ associated to (47) is piecewise gaussian and of the form (40) for each subspace $x_1 > 0$ and $x_1 < 0$. Analogous to (41) and (12) we calculate the associated distribution parameters m_i and k_{ij} $(i, j = 1, 2, 3, 4)$ as well as the distribution constants C_p and C_n. Again, these computations lead to vanishing mean values and to the following results of interest:

$$\begin{aligned} &\frac{C_p}{\sqrt{k_{11}^p}} = \frac{C_n}{\sqrt{k_{11}^n}} = \frac{1}{\sqrt{k_{11}^n} + \sqrt{k_{11}^p}}, \qquad k_{11}^n = \frac{\sigma^2}{4D_1\omega_1^3}\frac{1}{1-\gamma}, \qquad k_{22}^{p,n} = \frac{\sigma^2}{4D_1\omega_1}, \\ &k_{14}^n = \frac{\sigma^2}{2D_1\omega_1}\sqrt{D_m\omega_m}\frac{1}{\Delta_n}(2(D_m\omega_m + D_1\omega_1)\alpha + [\omega_1^2(1-\gamma) - \omega_m^2]\beta), \\ &k_{44}^n = \frac{1}{D_1\omega_1}\frac{\sigma^2}{\Delta_n}((D_m\omega_m + D_1\omega_1)\alpha^2 + \omega_1\omega_m[D_1\omega_m + D_m\omega_1(1-\gamma)]\beta^2), \\ &\Delta_n = [\omega_1^2(1-\gamma) - \omega_m^2]^2 + 4\omega_1\omega_m(D_m\omega_m + D_1\omega_1)[D_1\omega_m + D_m\omega_1(1-\gamma)]. \end{aligned} \tag{48}$$

By means of these results we know all one-dimensional density functions of interest:

$$\begin{aligned} &w(x_2) = \frac{1}{\sqrt{2\pi k_{22}}}\exp\left(-\frac{x_2^2}{2k_{22}}\right), \qquad w(x_1) = \frac{\sqrt{2/\pi}}{\sqrt{k_{11}^p} + \sqrt{k_{11}^n}}\begin{cases}\exp\left(-\dfrac{x_1^2}{2k_{11}^p}\right), & (x_1 > 0), \\ \exp\left(-\dfrac{x_1^2}{2k_{11}^n}\right), & (x_1 < 0), \end{cases} \\ &w(x_4) = \frac{1}{\sqrt{2\pi}}\frac{1}{\sqrt{k_{11}^p} + \sqrt{k_{11}^n}}\left[\sqrt{\frac{k_{11}^p}{k_{44}^p}}\exp\left(-\frac{x_4^2}{2k_{44}^p}\right)\left[1 + \Phi\left(\frac{k_{14}^p x_4}{\sqrt{2k_{44}^p|K_p|}}\right)\right] + \right. \\ &\qquad \left. + \sqrt{k_{11}^n/k_{44}^n}\exp(-x_4^2/2k_{44}^n)\left[1 - \Phi\left(k_{14}^n x_4/\sqrt{2k_{44}^n|K_n|}\right)\right]\right], \qquad |K| = k_{11}k_{44} - k_{14}^2, \end{aligned} \tag{49}$$

They lead to the following expectation values:

$$\begin{aligned} &E(X_{1,t}) = \frac{\sigma}{\omega_1}\frac{1}{\sqrt{\pi 2D_1\omega_1}}\left(1 - \frac{1}{\sqrt{1-\gamma}}\right), \qquad E(X_{1,t}^2) = \frac{\sigma^2}{4D_1\omega_1^3}\left(1 + \frac{1}{1-\gamma} - \frac{1}{\sqrt{1-\gamma}}\right), \\ &E(X_{4,t}^2) = \frac{1}{\sqrt{k_{11}^p} + \sqrt{k_{11}^n}}[\sqrt{k_{11}^p}\,k_{44}^p + \sqrt{k_{11}^n}\,k_{44}^n], \qquad E(X_{2,t}^2) = \frac{\sigma^2}{4D_1\omega_1}. \end{aligned} \tag{50}$$

The expectation values $E(X_{2,t})$ and $E(X_{1,t}X_{2,t})$ are vanishing in the stationary case.

We recognize that the mean value and the mean square of the stationary velocity process $X_{2,t} = \dot{x}_t$ are not influenced by the crack parameter γ. Only, the corresponding expectation values of the displacement process $X_{1,t} = X_t$ are sensibly reacting on an increasing damage extension γ. In a first moment this striking behaviour is something strange since we don't know any similar behaviour in the case of a deterministic harmonical excitation. But, in the stochastic case, such a feature is established by the statistical independence of the displacement and velocity processes. Moreover, there exist now experimental measurements [9] confirming it by analog simulations. Naturally, this effect can be used for a first procedure in order to identify the damage extension γ via the following measurement:

$$I_q = \frac{1}{E(X_{2,t}^2)}[\omega_1^2 E(X_{1,t}^2) - E(X_{2,t}^2)] = \frac{1}{1-\gamma} - \frac{1}{\sqrt{1-\gamma}}. \tag{51}$$

This is obviously a damage indicator with some disadvantages. It is nonlinear in γ. It has a horizontal tangent at $\gamma = 0$ such that only larger parameters γ are measurable. Moreover, it can only be evaluated provided a known uncracked eigenfrequency ω_1 which is not measurable at the cracked bending oscillator. However, all these disadvantages can be avoided by the spectral analysis performed in the next chapter.

5.2. Damage Identification via the Spectral Densities

For this purpose we evaluate the mean square $E(X_{4,t}^2)$ calculated in (50) and pass to the limiting case $D_m \to 0$ of a filtering concentrated at $\omega_m := \omega$. For $\alpha = 1$ and $\beta = 0$ this results in the spectrum

$$\begin{aligned} &\lim_{D_m \to 0,\, \beta = 0} E(X_{4,t}^2) = S_{xx}(\omega) = \frac{\sigma^2}{1 + \sqrt{1-\gamma}}\left[\frac{\sqrt{1-\gamma}}{(\omega_1^2 - \omega^2)^2 + (2D_1\omega_1\omega)^2} + \frac{1}{[\omega_1^2(1-\gamma) - \omega^2]^2 + (2D_1\omega_1\omega)^2}\right], \\ &\lim_{D_m \to 0,\, \alpha = 0} E(X_{4,t}^2) = S_{\dot{x}\dot{x}}(\omega) = \frac{\sigma^2\omega^2}{1 + \sqrt{1-\gamma}}\left[\frac{\sqrt{1-\gamma}}{(\omega_1^2 - \omega^2)^2 + (2D_1\omega_1\omega)^2} + \frac{1}{[\omega_1^2(1-\gamma) - \omega^2]^2 + (2D_1\omega_1\omega)^2}\right]. \end{aligned} \tag{52}$$

For $\alpha = 0$ and $\beta = 1$ we obtain the spectral density $S_{\dot{x}\dot{x}}(\omega)$ of the velocity process $X_{2,t} = \dot{X}_t$. Both results confirm the well known differentiation rule of the classical spectral method by which we are able to determine the power spectrum of the acceleration process $\ddot{X}_t$, as well:

$$S_{\dot{x}\dot{x}}(\omega) = \omega^2 S_{xx}(\omega)\,, \qquad S_{\ddot{x}\ddot{x}}(\omega) = \omega^4 S_{xx}(\omega)\,. \tag{53}$$

The results (52) are exact having a surprisingly simple form. They are characterized by two resonance denominators containing the uncracked eigenfrequency ω_1^2 as well as the cracked eigenfrequency $\omega_1^2(1-\gamma)$ of the bending oscillator.

Correspondingly, we observe two resonance peaks in all power spectra and particularly, in the velocity spectrum that is sketched in figure 4. With an increasing damage extension γ the first resonance $\omega_{\mathrm{I}}^2 = \omega_1^2(1-\gamma)$ is shifting to lower frequencies and the second peak at $\omega_{\mathrm{II}}^2 = \omega_1^2$ is diminished, but without any frequency shifting. From this it follows that the uncracked eigenfrequency is measurable via the frequency content of the stationary response of the cracked bending oscillator. Moreover, we recognize that the distance of both resonance peaks is directly proportional to the damage extension γ in the sense that for a small damping $D_1 \ll 1$ the following damage indicator is holding:

$$I_S = (\omega_{\mathrm{II}}^2 - \omega_{\mathrm{I}}^2)/\omega_{\mathrm{II}}^2 = \gamma\,. \tag{54}$$

Obviously, it can be used in order to measure the damage extension γ without any further knowledge of the parameters D_1 and ω_1 of the nonlinear bending oscillator. This is a new phenomenon which is not observable in the corresponding systems under a harmonic excitation.

It is worth noting that practical procedures in such stochastic measurements can be improved by a simultaneous using of the displacement spectrum and the acceleration spectrum. The last one is essentially concentrated at the uncracked frequency ω_1^2; the displacement spectrum is shifted and mainly concentrated at the cracked eigenfrequency $\omega_1^2(1-\gamma)$. From this it follows inversely that a measurement of two different main resonances in both spectra indicates a crack in the restoring element of the bending oscillator the extension of which is proportional to the difference mentioned above.

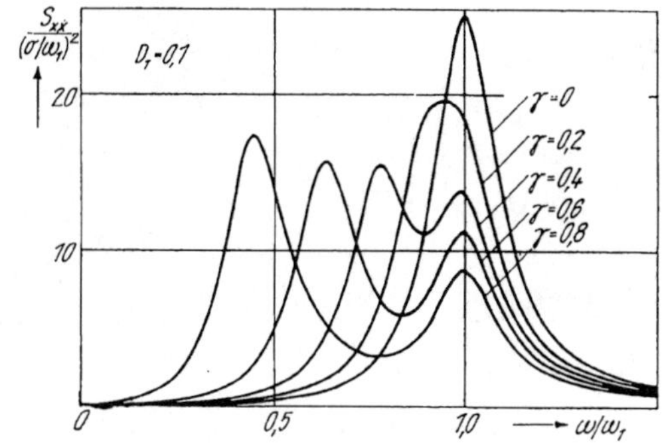

Fig. 4. Velocity spectrum of the cracked bending oscillator

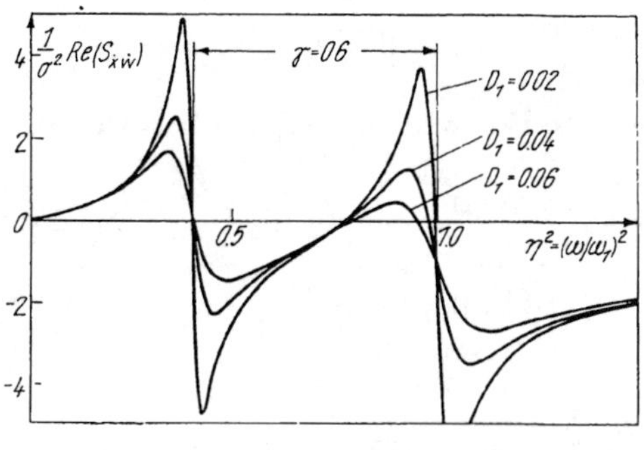

Fig. 5. Real part of the cross-spectrum and its application to the damage identification

Finally, there exists a second improvement by use of the cross-spectra. They are measurable via a minor extension of the spectral delta-filter (47) having the following vectorial form [8] of first order systems:

$$\dot{\boldsymbol{A}}_t = -\omega_m D_m \boldsymbol{A}_t + \omega_m \delta_m \boldsymbol{B}_t + \sqrt{2D_m\omega_m}\,\boldsymbol{X}_t\,, \qquad \dot{\boldsymbol{B}}_t = -\omega_m D_m \boldsymbol{B}_t - \omega_m \delta_m \boldsymbol{A}_t\,, \qquad \delta_m^2 = 1 - D_m^2\,. \tag{55}$$

Herein, $\boldsymbol{X}_t$ is a vector process whose frequency content has to be analysed. In the given problem (47) it consists of the state processes $X_{1,t}$ and $X_{2,t}$ and the excitation $\dot{W}_t$ of the bending oscillator. Then, the vectors $\boldsymbol{A}_t$ and $\boldsymbol{B}_t$ content the state processes of three pairwise uncoupled delta filters. As shown in [8], such a filter system leads to a consistent estimation of the spectral matrix $S_{XX^T}(\omega)$ of a linear dynamic system. In particular, the real part and the imaginary part of $S_{XX^T}(\omega)$ are measurable by the following covariance matrices of the filter system (55):

$$\begin{aligned} \lim_{D_m\to 0} E(\boldsymbol{A}_t\boldsymbol{A}_t^T) + E(\boldsymbol{B}_t\boldsymbol{B}_t^T) &= \mathrm{Re}\,[S_{XX^T}(\omega)]\,,\\ \lim_{D_m\to 0} E(\boldsymbol{B}_t\boldsymbol{A}_t^T) - E(\boldsymbol{A}_t\boldsymbol{B}_t^T) &= \mathrm{Im}\,[S_{XX^T}(\omega)]\,. \end{aligned} \tag{56}$$

Now, we are ready to apply the filter system (55). Since this application is already performed in [10] it suffices to give the following result:

$$\mathrm{Re}\,[S_{\ddot{X}\dot{W}}(\omega)] = \frac{\sigma^2\eta^2}{1+\sqrt{1-\gamma}}\left[\frac{1-\gamma-\eta^2}{(1-\gamma-\eta^2)^2+(2D_1\eta)^2} + \frac{\sqrt{1-\gamma}\,(1-\eta^2)}{(1-\eta^2)^2+(2D_1\eta)^2}\right]. \tag{57}$$

This is the real part of the cross-spectrum of the excitation by white noise $\dot{W}_t$ and the acceleration process $\ddot{X}_t$ of the cracked bending oscillator. The parameter η denotes the ratio of the spectral frequency ω and the uncracked eigenfrequency ω_1. The cross-spectrum is given in figure 5. For a small damping $D_1 \gg 1$ we recognize spectral functions with steep inclinations at the cracked and uncracked eigenfrequency of the bending oscillator. Naturally, such zeros are better measurable than a maximal amount of the velocity spectrum of the figure 4.

6. Oscillator with a Piecewise Progressive Characteristic

In a second application of the presented integration method we investigate the oscillator with piecewise progressive characteristic given in figure 1. In order to analyse the frequency content of its displacement process $X_t = X_{1,t}$ and the stationary velocity process $\dot{X}_t = X_{2,t}$, we apply two delta filters of the form (38) leading to the following six-dimensional problem:

$$\begin{aligned} \dot{X}_{1,t} &= X_{2,t}\,, & \dot{X}_{2,t} &= -2D_1\omega_1 X_{2,t} - \omega_1^2[(1+\gamma)\,X_{1,t} - \gamma x_0] + \sigma \dot{W}_t\,, \\ \dot{X}_{3,t} &= X_{4,t}\,, & \dot{X}_{4,t} &= -2D_m\omega_m X_{4,t} - \omega_m^2 X_{3,t} + 2\sqrt{D_m\omega_m}\, X_{1,t}\,, \\ \dot{X}_{5,t} &= X_{6,t}\,, & \dot{X}_{6,t} &= -2D_m\omega_m X_{6,t} - \omega_m^2 X_{5,t} + 2\sqrt{D_m\omega_m}\,\frac{1}{\omega_1} X_{2,t}\,. \end{aligned} \tag{58}$$

Obviously, these equations are valid for $X_{1,t} > x_0$. In case of $X_{1,t} < -x_0$ we have to replace the salient point x_0 by $-x_0$. If the displacement process is acting in the range $|X_{1,t}| < x_0$, we simply set $\gamma := 0$ in order to get the associated ascent in (58).

6.1. Density Functions of the Nonlinear Oscillator

Correspondingly, we are only interested in the associated three-dimensional density function $w(x_1, x_4, x_6)$. In each range mentioned above it is gaussian and of the form

$$w(x_1, x_4, x_6) = \frac{1}{\sqrt{(2\pi)^3}} \begin{cases} \dfrac{C_p}{\sqrt{|K_p|}} \exp\left[-\dfrac{1}{2}(\boldsymbol{x} - \boldsymbol{m}_p)^T K_p^{-1}(\boldsymbol{x} - \boldsymbol{m}_p)\right] & \text{for } x_1 > x_0\,, \\ \dfrac{C_0}{\sqrt{|K_0|}} \exp\left[-\dfrac{1}{2}(\boldsymbol{x} - \boldsymbol{m}_0)^T K_0^{-1}(\boldsymbol{x} - \boldsymbol{m}_0)\right] & \text{for } |x_1| < x_0\,, \\ \dfrac{C_n}{\sqrt{|K_n|}} \exp\left[-\dfrac{1}{2}(\boldsymbol{x} - \boldsymbol{m}_n)^T K_n^{-1}(\boldsymbol{x} - \boldsymbol{m}_n)\right] & \text{for } x_1 < -x_0\,. \end{cases} \tag{59}$$

and possesses the following distribution parameters

$$\begin{aligned} m_1^p &= \frac{\gamma x_0}{1+\gamma}\,, & k_{44}^p &= \frac{\sigma_{11}}{|A|}\,4\omega_1^2(D_m\omega_m + D_1\omega_1)\,, \qquad k_{46}^p = 0\,, \\ m_4^p &= m_6^p = 0\,, & k_{66}^p &= \frac{\sigma_{11}}{|A|}\,4\omega_1\omega_m[D_1\omega_m + D_m\omega_1(1+\gamma)]\,, \\ k_{11}^p &= \sigma_{11}\frac{1}{1+\gamma}\,, & k_{14}^p &= \frac{\sigma_{11}}{|A|}\,4\omega_1^2\sqrt{D_m\omega_m}\,(D_m\omega_m + D_1\omega_1)\,, \\ \sigma_{11} &= \frac{\sigma^2}{4D_1\omega_1^3}\,, & k_{16}^p &= \frac{\sigma_{11}}{|A|}\,2\omega_1\sqrt{D_m\omega_m}\,[\omega_1^2(1+\gamma) - \omega_m^2]\,, \end{aligned}$$
$$|A| = [\omega_1^2(1+\gamma) - \omega_m^2]^2 + 4\omega_1\omega_m(D_m\omega_m + D_1\omega_1)\,[D_1\omega_m + D_m\omega_1(1+\gamma)]\,. \tag{60}$$

Again, these parameters are mean values and covariances valid in the range $x_1 > x_0$. They are calculated in applying the linear stochastic theory to the system (58). For the corresponding distribution parameters of the two other ranges we set $\gamma := 0$ and $x_0 := -x_0$ respectively. Furthermore, the relations $k_{ij}^p = k_{ij}^n = k_{ij}^\infty$ $(i, j = 1, 4, 6)$ are holding since the salient point x_0 is not contented in the covariances noted in (60).

We continue in computing the three distribution constants C_p, C_0 and C_n. For this purpose, we have to go over to the one-dimensional density function of $X_{1,t}$:

$$w(x_1) = \frac{1}{\sqrt{2\pi}} \begin{cases} \dfrac{C_p}{\sqrt{k_{11}^\infty}} \exp\left[-\dfrac{1}{2k_{11}^\infty}\left(x_1 - \dfrac{\gamma x_0}{1+\gamma}\right)^2\right], & \text{for } x_1 \geqq x_0\,, \\ \dfrac{C_0}{\sqrt{k_{11}^0}} \exp\left[-\dfrac{1}{2k_{11}^0}x_1^2\right], & \text{for } |x_1| \leqq x_0\,, \\ \dfrac{C_n}{\sqrt{k_{11}^\infty}} \exp\left[-\dfrac{1}{2k_{11}^\infty}\left(x_1 + \dfrac{\gamma x_0}{1+\gamma}\right)^2\right]; & \text{for } x_1 \leqq -x_0\,. \end{cases} \tag{61}$$

Fitting it continuously at $x_1 = \pm x_0$ and using the normalization condition results in

$$\begin{aligned} C_p &= C_n = C_\infty = \frac{1}{\sqrt{1+\gamma}}\,\frac{1}{N_1 + N_2}\,, & N_1 &= \frac{1}{\sqrt{1+\gamma}}\left[1 - \Phi\,\frac{x_0}{\sqrt{2\sigma_{11}}}\,\frac{1}{\sqrt{1+\gamma}}\right], \\ C_0 &= \frac{1}{N_1 + N_2}\exp\left(\frac{x_0^2}{2\sigma_{11}}\,\frac{\gamma}{1+\gamma}\right), & N_2 &= \exp\left(\frac{x_0^2}{2\sigma_{11}}\,\frac{\gamma}{1+\gamma}\right)\Phi\left(\frac{x_0}{\sqrt{2\sigma_{11}}}\right) \end{aligned} \tag{62}$$

by which the one-dimensional stationary density $w(x_1)$ is completely known. Inserting the results (62) and (60) into (59) we know the three-dimensional function $w(x_1, x_4, x_6)$, too. It can be integrated in order to determine the associated one-dimensional densities of the measuring processes $X_{4,t}$ and $X_{6,t}$. It is sufficient to specify the stationary density

$$
\begin{aligned}
w(x_4) &= \int_{-\infty}^{-x_0} w_n(x_1, x_4)\,\mathrm{d}x_1 + \int_{-x_0}^{x_0} w_0(x_1, x_4)\,\mathrm{d}x_1 + \int_{x_0}^{\infty} w_p(x_1, x_4)\,\mathrm{d}x_1 \\
&= \frac{1}{2\sqrt{2\pi}}\left\{\frac{C_0}{\sqrt{k_{44}^0}}\exp\left(-\frac{x_4^2}{2k_{44}^0}\right)\left[\Phi\left(\frac{k_{44}^0 x_0 - k_{14}^0 x_4}{\sqrt{2|K_0|\,k_{44}^0}}\right) + \Phi\left(\frac{k_{44}x_0 + k_{14}x_4}{\sqrt{2|K_0|\,k_{44}^0}}\right)\right] + \right.\\
&\left. + \frac{C_\infty}{\sqrt{k_{44}^\infty}}\exp\left(-\frac{x_4^2}{2k_{44}^\infty}\right)\left[2 - \Phi\left(\frac{k_{44}^\infty \frac{x_0}{1+\gamma} + k_{14}^\infty x_4}{\sqrt{2|K_\infty|\,k_{44}^\infty}}\right) - \Phi\left(\frac{k_{44}^\infty \frac{x_0}{1+\gamma} - k_{14}^\infty x_4}{\sqrt{2|K_\infty|\,k_{44}^\infty}}\right)\right]\right\}. \qquad (63)
\end{aligned}
$$

The density function $w(x_6)$ has the same form. It is explicitly given by (63) in replacing the index 4 by the number 6. Hereby, the covariance determinant goes over to $|K| = k_{11}k_{66} - k_{16}^2$.

6.2. Spectral and Amplitudes Distributions

Passing to the limiting case $D_m \to 0$ of a filtering concentrated at $\omega_m := \omega$ results in an exact measurement or estimation. According to (60) the covariances k_{14} and k_{16} are vanishing in this case and the one-dimensional densities $w(x_4)$ and $w(x_6)$ reduce to

$$
\begin{aligned}
\lim_{D_m \to 0} w(x_4) &= \frac{1}{\sqrt{2\pi}}\,\frac{1}{N_1 + N_2}\left[\frac{N_1}{\sqrt{k_{44}^\infty}}\exp\left(-\frac{x_4^2}{2k_{44}^\infty}\right) + \frac{N_2}{\sqrt{k_{44}^0}}\exp\left(-\frac{x_4^2}{2k_{44}^0}\right)\right], \\
\lim_{D_m \to 0} w(x_6) &= \frac{1}{\sqrt{2\pi}}\,\frac{1}{N_1 + N_2}\left[\frac{N_1}{\sqrt{k_{66}^\infty}}\exp\left(-\frac{x_6^2}{2k_{66}^\infty}\right) + \frac{N_2}{\sqrt{k_{66}^0}}\exp\left(-\frac{x_6^2}{2k_{66}^0}\right)\right].
\end{aligned} \qquad (64)
$$

Herein, the normalization constants N_1 and N_2 are given in (62). They are depending of the slope parameter γ, the salient point x_0 of the nonlinear spring characteristic and of the variance σ_{11} of the associated linear vibration process. The covariances k_{44} and k_{66} follow from (60) and content the frequency characteristics of the nonlinear system. According to (46) we take the expectations of the one-dimensional densities $w(x_4)$ and $w(x_6)$:

$$
\begin{aligned}
S_{x_1x_1}(\omega) &= \frac{\sigma^2}{N_1 + N_2}\left[\frac{N_1}{[\omega_1^2(1+\gamma) - \omega^2]^2 + (2D_1\omega_1\omega)^2} + \frac{N_2}{(\omega_1^2 - \omega^2)^2 + (2D_1\omega_1\omega)^2}\right], \\
\frac{1}{\omega_1^2} S_{x_2x_2}(\omega) &= \left(\frac{\omega}{\omega_1}\right)^2 \frac{\sigma^2}{N_1 + N_2}\left[\frac{N_1}{[\omega_1^2(1+\gamma) - \omega^2]^2 + (2D_1\omega_1\omega)^2} + \frac{N_2}{(\omega_1^2 - \omega^2)^2 + (2D_1\omega_1\omega)^2}\right].
\end{aligned} \qquad (65)
$$

The first expression in (65) is the power spectrum of the stationary displacement process $X_{1,t} = X_t$. The second one denotes the spectrum of $\dot{X}_t/\omega_1$. Again, both results are satisfying the differentiation rule of the classical spectral method.

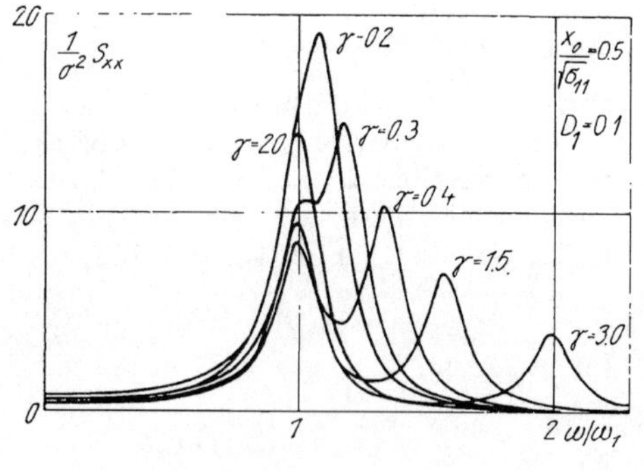

Fig. 6. Displacement spectrum in case of a piecewise progressive restoring characteristic

It is sufficient to discuss the displacement spectrum $S_{x_1x_1}(\omega)$ and in particular, the influence of the slope parameter γ. As shown in figure 6, an increasing slope parameter γ leads first to a resonance shifting and then to a partitioning in two resonance peaks. The first of them is resting at the linear eigenfrequency ω_1 of the system and the second one is shifted to upper ranges of the frequency domain. Hereby, both resonance peaks are reduced, the first one only to some extent. A further increasing of γ has the consequence that the upper resonance is disappearing. The lower one is reaising again and arrives at the linear spectral form if γ tends to infinity. In this case, the response process $X_{1,t}$ of the nonlinear system is acting only in the linear range $|X_{1,t}| \leqq x_0$ and is simply reflected at the boundaries $\pm x_0$ in which the associated one-dimensional distribution density $w(x_1)$ has a discontinuity. However, these reflections or discontinuities have no influence on the frequency content of the nonlinear processes and they are vanishing for $\gamma < \infty$. The influence of the salient point x_0 is quite obvious. In the limiting cases $x_0 = 0$ and $x_0 \to \infty$ the oscillator is linear having only one resonance peak at $\omega_1\sqrt{1+\gamma}$ and ω_1, respectively. Both forms of power spectra are mixed if x_0 is finite and nonvanishing.

Comparing these frequency distributions with the corresponding amplitude frequency diagrams in case of a harmonic excitation we come to the conclusion that the stochastic analysis possesses some important advantages.

The power spectra (65) of the nonlinear response processes are exactly calculable without any approximation leading to closed analytical results which can be simply evaluated. They are showing the main resonance and one upper resonance of the nonlinear system. Higher harmonic oscillations as they are known from the deterministic case are disappearing. This is a consequence of the averaging procedure performed in the frequency domain via the power spectra. Furthermore, it follows from this averaging that the power spectra of nonlinear processes are unique and don't possess any ambiguities as they are known from the corresponding deterministic problem. Hence, to show the stochastic analogon to this well-known jumping phenomenon, we have to cancel the stochastic averaging procedure by an extended statistical description via the associated amplitude frequency distributions.

We start this extension by integration (59) over the entire range $-\infty < x_1 < \infty$ and by passing to the limiting case

$$w(x_4, x_6) = \int_{-\infty}^{\infty} w(x_1, x_4, x_6)\,\mathrm{d}x_1 = \frac{1}{2\pi}\frac{1}{N_1+N_2}\left[\frac{N_1}{\sqrt{k_{44}^{\infty}k_{66}^{\infty}}}\exp\left(-\frac{x_4^2}{2k_{44}^{\infty}}-\frac{x_6^2}{2k_{66}^{\infty}}\right)+\frac{N_2}{\sqrt{k_{44}^{0}k_{66}^{0}}}\exp\left(-\frac{x_4^2}{2k_{44}^{0}}-\frac{x_6^2}{2k_{66}^{0}}\right)\right]. \tag{66}$$

This result denotes the joint probability density of the filter processes $X_{4,t}$ and $X_{6,t}$ which are measuring the state processes $X_{1,t}$ and $X_{2,t}/\omega_1$ of the nonlinear system. In the limiting case $D_m \to 0$ the filtering is concentrated at $\omega_m := \omega$. Hence, the joint probability density $w(x_4, x_6)$ leads to an extended statistical description of the frequency behaviour $X_{1,t}$ and $X_{2,t}/\omega_1$. If we take the expectations of $w(x_4, w_6)$ according to (46)

$$S_{x_1x_1}(\omega) = \iint_{-\infty}^{\infty} x_4^2 w(x_4, x_6)\,\mathrm{d}x_4\,\mathrm{d}x_6\,, \qquad S_{x_2x_2}(\omega) = \omega_1^2 \iint_{-\infty}^{\infty} x_6^2 w(x_4, x_6)\,\mathrm{d}x_4\,\mathrm{d}x_6 \tag{67}$$

we obtain the power spectra (65) and therewith a restricted or averaged information on the statistical frequency behaviour of the nonlinear state processes $X_{1,t}$ and $X_{2,t}/\omega_1$.

In concluding, we make use of the joint probability density (66) in order to introduce polar coordinates:

$$x_4 = a\cos\varphi\,, \qquad x_6 = a\sin\varphi\,, \qquad 0 \leqq a < \infty\,, \qquad -\pi \leqq \varphi \leqq \pi\,. \tag{68}$$

They are new density variables associated to the amplitude and phase processes of the nonlinear system. Integrating the two-dimensional density function $w(a, \varphi)$ over the phase range $-\pi \leqq \varphi \leqq \pi$ results finally in an amplitude frequency distribution of the form:

$$w(a) = \frac{a}{N_1+N_2}\left[\frac{N_1}{\sqrt{k_{44}^{\infty}k_{66}^{\infty}}}\exp\left[-\frac{a^2}{4}\left(\frac{1}{k_{66}^{\infty}}+\frac{1}{k_{44}^{\infty}}\right)\right] I_0\left[\frac{a^2}{4}\left(\frac{1}{k_{66}^{\infty}}-\frac{1}{k_{44}^{\infty}}\right)\right]+\right.$$
$$\left.+\frac{N_2}{\sqrt{k_{44}^{0}k_{66}^{0}}}\exp\left[-\frac{a^2}{4}\left(\frac{1}{k_{66}^{0}}+\frac{1}{k_{44}^{0}}\right)\right] I_0\left[\frac{a^2}{4}\left(\frac{1}{k_{66}^{0}}-\frac{1}{k_{44}^{0}}\right)\right]\right]. \tag{69}$$

Herein, $I_0(.)$ denotes the modified BESSEL function. The normalization constants N_1 and N_2 are given in (62). The covariances k_{44} and k_{66} follow from (60) by passing to the limiting case $D_m \to 0$.

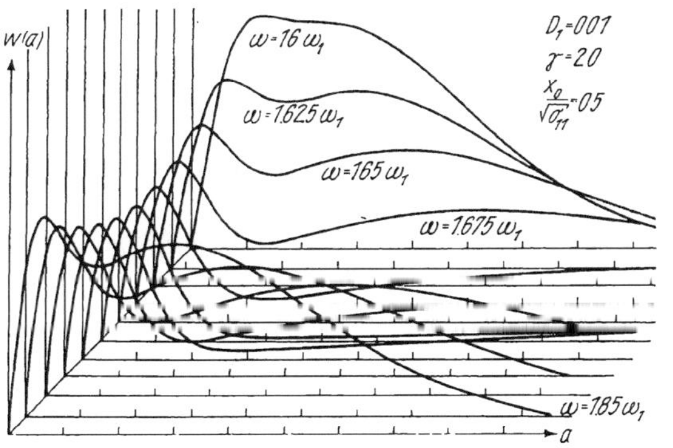

Fig. 7. Amplitude – frequency distributions

In figure 7 we show a three-dimensional evaluation of $w(a)$ in dependence of the amplitude density variable a and the spectral frequency variable ω. The frequency range of interest is situated in $1.60\omega_1 \leqq \omega \leqq 1.85\omega_1$. Herein, the density distributions are splitted into two concentrations. The lower one has a steep increasing and decreasing nearby $a = 0$. The upper one is more platykurtic. Obviously, this corresponds to the well-known jumping phenomenon of the deterministic DUFFING problem. As is well known, the DUFFING oscillator possesses two different amplitudes in this critical frequency range. Each of them is stable and realizable by appropriately chosen initial conditions or shock perturbations which we may apply in addition to the harmonic excitation. In the stochastic case, both amplitudes are simultaneously occuring with a permanent changing or jumping as the consequence of the irregularity of the stationary excitation by white noise.

Therefore, we come to the conclusion that ambiguities of nonlinear oscillators are also observable or measurable by amplitude concentrations in the frequency domain. Such measurements have the advantage that they are independent of any initial conditions. Applying a noise generator they are realizable in one stationary test without any knowledge about the nonlinear vibrating system whose frequency content or behaviour has to be analysed.

7. Conclusion

In the present paper we are concerned with nonlinear stochastic systems with piecewise linear characteristics. Special examples under consideration are first order systems excited by white or coloured noise and vibrating systems with one degree of freedom. The restoring characteristics are steady with one salient point in the equilibrium position of the system or with two salient points on the outside of it. The first characteristic can be used to describe a bending oscillator with a partially cracked restoring element. The second one is a special model of the well known DUFFING problem.

Since such dynamic systems are piecewise linear, their stochastic solution processes are piecewise gaussian having a well known multidimensional distribution density in each region of the associated density variables in which linearity is submitted. The distribution parameters of each region are mean values and covariances. They are exactly calculable by means of linear moments equations. The distribution densities are one-dimensionally fitted by means of distribution constants following from the conditional probability under which the process is starting in the different regions.

The one-dimensional continuity condition is established by the properties of nonlinear diffusion processes whose stationary density functions are calculable via the associated FOKKER-PLANCK equation. From this it follows that a discontinuity in the one-dimensional density distribution of two different regions leads to a singular averaged process velocity at the boundary which contradicts the requirement of stationarity. This corresponds to the physical analogon of the heat conduction between two different media.

However, discontinuities are admissible in the two-dimensional density distributions with the consequence that the phase process is partially reflected at the boundary in a similar way as we know it from the physical analogon. By means of the stationary diffusion equation it can be shown that such two-dimensional discontinuities are occuring in case of filtered processes without any singularities in their drift terms. According to the theorem of KOLMOGOROV it is therefore only required that the associated marginal densities are continuous in order to avoid a singular averaged velocity of the diffusion processes.

Finally, this integration method is applied to investigate correlation functions and power spectra of some practical problems. In case of a cracked bending oscillator we derive a new phenomenon which allows to measure the damage extension in the frequency domain without any knowledge of the damping ratio or the linear eigen-Dequency of the system. A second application is concerned with the stochastic analogon to the deterministic crUFFING problem. It is shown that its ambiguity in the critical frequency range is observable by two amplitude foncentrations by which it is measurable in one test and independent of any initial conditions.

References

1 CAUGHEY, T. K., Equivalent linearization technique, J. Acoust. Soc. Am. **35**, p. 1706 (1963).
2 IWAN, W. D., and YANG, J., Application of statistical linearization to nonlinear multi-degree-of-freedom systems, J. Appl. Mech. **39**, p. 545 (1972).
3 STRATONOVICH, R. L., Topics in the Theory of Random Noise, Vol. 1, Gordon and Breach, New York (1963).
4 ARIARATNAM, S. T., and TAM, D. S. F., Moment stability of coupled linear systems under combined harmonic and stochastic excitation, Stochastic Problems in Dynamics (ed. by B. L. CLARKSON), Pitman, London (1977).
5 WEDIG, W., Zur Integration stochastischer Systeme, mit stückweise linearen Kennlinien, to appear in Ing.-Arch. (July 1980).
6 WEDIG, W., Kovarianz- und Spektralanalyse nichtlinearer Systemprozesse, to appear in ZAMM **61** (1981).
7 ARNOLD, L., Stochastische Differentialgleichungen, Oldenbourg, München (1973).
8 WEDIG, W., Anwendung einer Spektralfilter-Technik zur Identifikation von linearen und nichtlinearen dynamischen Systemen, to appear in Ing.-Arch. (Jan. 1981).
9 SPIEGEL, M., Advanced work, prepared at the Institute for Technical Mechanics of the University of Karlsruhe, (1980) nonpubl.
10 WEDIG, W., und BRÄUTIGAM, H., Schadensfrüherkennung beim angerissenen Biegeschwinger — Rißidentifikation durch Spektralanalyse zweier Resonanzen, VDI-Schwingungstagung 1980, VDI-Berichte, Düsseldorf (1980).

Eingereicht am 20. 6. 1980

Anschrift: Prof. Dr.-Ing. WALTER WEDIG, Asternweg 5a, 7513 Stutensee-Bl., BRD

ZAMM 61, 21 – 28 (1981)

M. Hortel / G. Schmidt

Untersuchung von Parameternichtlinearitäten bei Übersetzungsgetrieben

Herrn Professor Dr. Fritz Weidenhammer zum 60. Geburtstag gewidmet.

An Hand eines elastisch gelagerten Zahnradübersetzungsgetriebes wird der Einfluß der nichtlinearen, mit der Zeit veränderlichen Steifigkeitsglieder, der sogenannten Parameternichtlinearität, untersucht. Die mit Hilfe der Integralgleichungsmethode durchgeführte Analyse des Hauptresonanzfalles zeigt insbesondere den beachtlichen qualitativen Einfluß der Parameternichtlinearität. Diese Eigenschaften können nicht nur beim Konstruktionsentwurf, sondern auch in manchen Fällen an fertigen Konstruktionen zu schwingungsverkleinernden Änderungen ausgenützt werden.

The influence of a non-linear time-dependent rigidity, the so called parametric non-linearity, is investigated in connection with an elastically supported geared transmission. The analysis of the main resonance with the integral equation method shows the important qualitative influence of parametric non-linearity. These properties can be used not only for the machine design but also for the improvement of existing machine parts.

Влияние нелинейного изменяющегося со временем упругого члена, так называемой параметрической нелинейности, исследовано на примере упруго закрепленной зубчатой передачи. Проведенный с помощью метода интегральных уравнений анализ главного резонанса показал, главным образом, значительное влияние параметрической нелинейности. Эти свойства могут быть использованы не только при разработке новых проектов, но и в большинстве случаев для улучшении уже изготовленных конструкций.

Schwingungen in modernen leichten Maschinenkonstruktionen werden häufig durch Bewegungsgleichungen beschrieben, die zeitlich veränderliche Koeffizienten enthalten. Die Untersuchungen solcher Systeme führen zur Berechnung von parametererregten beziehungsweise gekoppelten parametererregten und erzwungenen Schwingungen. So wurden z. B. von M. Hortel [1], [2] Planetengetriebe untersucht, in denen die Parametererregung durch eine von der Zeit abhängige Zahnsteifigkeitsfunktion $c(\tau)$ hervorgerufen wurde. Der Einfachheit halber wurden $c(\tau)$ als eine abschnittsweise konstante Funktion betrachtet und der Übergang von einer Steifigkeit zur anderen sprungartig vorausgesetzt.

Eine so starke Voraussetzung über die Linearisierung der Zeitfunktion $c(\tau)$ ist jedoch in vielen Fällen, z. B. bei hochtourigen Getrieben nicht ausreichend. Genauere Untersuchungen führen auf Bewegungsgleichungen mit nichtlinearen Gliedern, die mit der Zeit veränderliche Koeffizienten besitzen. Diese Parameternichtlinearitäten beschreiben beispielsweise bei Übersetzungsgetrieben die wirklichen Zahnsteifigkeitsfunktionen im Eingriff, wie sie sich durch Hertzsche Pressung, durch den Einfluß des Ölfilmes zwischen den Zahnprofilen, Zahnprofilmodifikationen usw. ausdrücken. Im folgenden soll der Einfluß der Parameternichtlinearität auf die Hauptresonanzamplitude untersucht werden.

Es sei ein System von nichtlinearen Differentialgleichungen zweiten Grades

$$\boldsymbol{M}\boldsymbol{v}'' + \boldsymbol{K}\boldsymbol{v}' + \bar{\boldsymbol{K}}\,|\boldsymbol{w}'(\boldsymbol{v}')|^3 \operatorname{sgn} \boldsymbol{w}'(\boldsymbol{v}') + \boldsymbol{C}(\tau)\,\boldsymbol{v} + \bar{\boldsymbol{C}}(\tau)\,\boldsymbol{w}^2(\boldsymbol{v}) = \boldsymbol{F} \tag{1}$$

gegeben (Striche bezeichnen Ableitungen nach der dimensionslosen Zeit τ), das die Schwingungen in einem Übersetzungsgetriebe mit starr oder elastisch gelagerten Rädern beschreibt. Hierbei sind $\boldsymbol{v}$ der Vektor der Systembewegungen, $\boldsymbol{M}$ die Matrix der Massen- und Trägheitskräfte, $\boldsymbol{K}$ und $\boldsymbol{C}(\tau)$ Matrizen der linearen Dämpfungs- und quasilinearen Rückstellkräfte, $\bar{\boldsymbol{K}}$ und $\bar{\boldsymbol{C}}(\tau)$ Matrizen der kubischen Dämpfungs- und quadratischen von der Zeit abhängigen Rückstellkräfte und $\boldsymbol{F}$ der Vektor der Zwangserregungen. $\boldsymbol{w}^k(\boldsymbol{v})$ ist die k-te Potenz des Vektors, der durch die Beziehung

$$\boldsymbol{w}^k(\boldsymbol{v}) = \boldsymbol{D}\big(\boldsymbol{w}(\boldsymbol{v})\big)\,\boldsymbol{w}^{k-1}(\boldsymbol{v})$$

definiert ist, wobei $\boldsymbol{D}(\boldsymbol{w}(\boldsymbol{v}))$ eine Diagonalmatrix ist, deren Elemente auf der Hauptdiagonale die Elemente des Vektors $\boldsymbol{w}(\boldsymbol{v}) \equiv \boldsymbol{v}$ bilden (M. Hortel [2]).

Für den Fall eines einfachen Übersetzungsgetriebes mit zwei elastisch gelagerten Rädern ist bei bestimmten Voraussetzungen über die Reibungskräfte im Zahneingriff $\boldsymbol{v}$ der dreidimensionale Vektor der Relativbewegung y auf der Eingriffslinie und der Lagerbewegungen y_1, y_2 in Richtung der Eingriffslinie, und das System (1) nimmt die Komponentenform

$$y'' + \lambda_0 y = \psi(\tau)\,, \qquad y_i'' + \lambda_i y_i = \psi_i(\tau) \qquad (i = 1, 2) \tag{2}$$

an; die leicht zu bestimmenden Lagerbewegungen senkrecht zur Eingriffslinie haben wegen schwacher Kopplung der orthogonalen Bewegungen nur einen kleinen, in vielen praktischen Fällen vernachlässigbaren Einfluß auf $\boldsymbol{v}$ (vgl. M. Hortel [2], [3]).

$$\psi(\tau) = -y \sum_{n=1}^{\infty} (Y_n \cos Kn\tau - U_n \sin Kn\tau) + y^2 \sum_{n=1}^{\infty} I_n \sin Kn\tau - \alpha(2 + \alpha)\,y'' + (1 + \alpha)^2\,(y_1'' - y_2'') -$$

$$- (1 + \alpha)\,\beta y' + \sum_{n=0}^{\infty} \big(a_n \cos(n\tau + \bar{\varphi}) + b_n \sin(n\tau + \bar{\varphi})\big) - Dy'^3$$

und

$$\psi_i(\tau) = (-1)^i y \sum_{n=0}^{\infty} V_{in} \cos Kn\tau - \alpha(2+\alpha)\, y_i'' - (1+\alpha)\,\beta_i y_i' + \\ + (-1)^i (1+\alpha)\,\delta_i y' - B_i y_i'^3 + (-1)^i D_i y'^3$$

sind Funktionen einer kleinen Frequenzvariation α, einer Parametererregung, einer quadratischen Parameternichtlinearität mit den Koeffizienten I_n und einer linearen und kubisch nichtlinearen Dämpfung in der relativen Bewegung y wie auch in den Querbewegungen y_i.

Wir legen durch

$$\lambda_0 = N^2\,, \qquad \lambda_i \neq N^2\,,$$

wobei N eine natürliche Zahl ist, eine einfache Resonanz in der relativen Bewegung y, das heißt bei der ersten Schwingungsgleichung in (2) zugrunde. Die mit der dimensionslosen Periode 2π periodischen Lösungen lassen sich iterativ aus den äquivalenten Integrodifferentialgleichungen

$$\begin{aligned} y(\tau) &= \int_0^{2\pi} G_0(\tau,\sigma)\,\psi(\sigma)\,\mathrm{d}\sigma + r\cos N\tau + s\sin N\tau\,; \\ y_i(\tau) &= \int_0^{2\pi} G_i(\tau,\sigma)\,\psi_i(\sigma)\,\mathrm{d}\sigma \end{aligned} \tag{3}$$

berechnen (vgl. G. SCHMIDT [4]), in denen

$$G_j(\tau,\sigma) = \frac{1}{\pi}\left[\frac{1}{2\lambda_j} + \sum_{\nu=1}^{\infty} \frac{\cos\nu(\tau-\sigma)}{\vartheta_{\lambda_j}^{\nu^2}\lambda_j - \nu^2}\right] \qquad (j = 0, 1, 2)$$

die zugehörigen Greenschen Funktionen im erweiterten Sinne,

$$\vartheta_k^l = \begin{cases} 0 & \text{für } k = l\,, \\ 1 & \text{für } k \neq l \end{cases}$$

und r, s die Verzweigungsparameter sind, die nachträglich aus den (den Periodizitätsbedingungen entsprechenden) Verzweigungsgleichungen

$$\int_0^{2\pi} \psi(\tau)\cos N\tau\,\mathrm{d}\tau = \int_0^{2\pi} \psi(\tau)\sin N\tau\,\mathrm{d}\tau = 0 \tag{4}$$

zu bestimmen sind.

Benutzt man den Resonanzausdruck

$$y^{(1)} = r\cos N\tau + s\sin N\tau$$

als erste Näherung, bestimmt man die zweite Näherung, die wegen ihrer Länge nicht wiedergegeben werden kann, und setzt beide in (4) ein, so erhält man die in Vektorform zusammengefaßten Bestimmungsgleichungen für r, s

$$(2N^2\alpha - R_0)\begin{pmatrix} r \\ s \end{pmatrix} - R_1\begin{pmatrix} r \\ -s \end{pmatrix} + R_2\begin{pmatrix} s \\ r \end{pmatrix} - (b + BA^2)\begin{pmatrix} s \\ -r \end{pmatrix} + \\ + \frac{1}{4} I_{N/2}\begin{pmatrix} 2rs \\ r^2 + 3s^2 \end{pmatrix} + \frac{1}{4} I_{(3/2)N}\begin{pmatrix} 2rs \\ r^2 - s^2 \end{pmatrix} + \begin{pmatrix} a_N \\ b_N \end{pmatrix} = 0 \tag{5}$$

mit der Resonanzschwingungsamplitude

$$A = (r^2 + s^2)^{1/2} \tag{6}$$

der relativen Bewegung y, der Funktion

$$b = N\beta + N^3[\delta_1(N^2 - \lambda_1)^{-1} + \delta_2(N^2 - \lambda_2)^{-1}]$$

der linearen Dämpfungen, der Funktion

$$B = \tfrac{3}{4}\,\{N^3 D + N^5[D_1(N^2 - \lambda_1)^{-1} + D_2(N^2 - \lambda_2)^{-1}]\}$$

der nichtlinearen Dämpfungen und den Funktionen

$$R_0 = -\tfrac{1}{4}\sum_{n=1}^{\infty} \{[\vartheta_n^N N^2 - (N - 2n)^2]^{-1} + [N^2 - (N + 2n)^2]^{-1}\}\,(Y_n^2 + U_n^2)\,,$$

$$R_1 = \tfrac{1}{2} P_N + \tfrac{1}{4}\sum_{n=1}^{\infty} \{(Y_n Y_{N-n} + Y_n Y_{n-N} - U_n U_{N-n} + U_n U_{n-N})\,[\vartheta_n^N N^2 - (N - 2n)^2]^{-1} + \\ + (Y_n Y_{N+n} + U_n U_{N+n})\,[N^2 - (N + 2n)^2]^{-1}\}$$

und

$$R_2 = \tfrac{1}{2}\, U_N - \tfrac{1}{4} \sum_{n=1}^{\infty} \{(Y_n U_{N-n} - Y_n U_{n-N} + U_n Y_{N-n} + U_n Y_{n-N})\, [\vartheta_n^N N^2 - (N-2n)^2]^{-1} +$$
$$+ (Y_n U_{N+n} - U_n Y_{N+n})\, [N^2 - (N+2n)^2]^{-1}\} ,$$

der linearen Parametererregung, in denen zur Abkürzung

$$P_n = Y_n + (N-2n)^2 \{ V_{1n}[(N-2n)^2 - \lambda_1]^{-1} + V_{2n}[(N-2n)^2 - \lambda_2]^{-1}\}$$

ist. Dabei wird benutzt, daß in den Fällen

$$\begin{array}{lll} N - 2n = -N , & & \text{d. h.} \quad n = N , \\ N - 2n + 2m = N \quad \text{oder} \quad N + 2n - 2m = N , & & \text{d. h.} \quad m = n , \\ N - 2n - 2m = -N , & & \text{d. h.} \quad m = N - n , \\ N - 2n + 2m = -N , & & \text{d. h.} \quad m = n - N , \\ N + 2n - 2m = -N , & & \text{d. h.} \quad m = N + n \end{array}$$

Parametererregerausdrücke in den Verzweigungsgleichungen (4) auftreten. Der Fall verschwindender Parameternichtlinearitäten $I_{N/2}$, $I_{(3/2)N}$ wurde in [5] untersucht. Wir setzen nun voraus, daß diese nichtlinearen Größen nicht beide verschwinden, das heißt insbesondere, daß N gerade ist. Durch skalare Multiplikation von (5) mit $\begin{pmatrix} -s \\ r \end{pmatrix}$ folgt die von der Frequenzvariation α unabhängige Beziehung

$$(b + BA^2)\, A^2 + 2R_1 rs + R_2(r^2 - s^2) + \tfrac{1}{4}\, I_{N/2}\, A^2 r + \tfrac{1}{4}\, I_{(3/2)N}(r^2 - 3s^2)\, r - a_N s + b_N r = 0 . \qquad (7)$$

Die Ableitung einer nicht von einzelnen r und s abhängigen Amplitudenformel für A ist für geradzahliges N nur in Sonderfällen möglich.

In dem ersten Sonderfall $R_1 = R_2 = I_{(3/2)N} = 0$ ist (7) linear in r, s. Eine weitere solche Gleichung folgt durch Multiplikation von (5) mit $\begin{pmatrix} r \\ s \end{pmatrix}$. Durch Auflösung ergibt sich

$$Tr = (R_0 - 2N^2\alpha)\, A^2 a_N - (\tfrac{3}{4}\, I_{N/2}A^2 + b_N)\,(b + BA^2)\, A^2 ,$$
$$Ts = (\tfrac{1}{4}\, I_{N/2}A^2 + b_N)\,(R_0 - 2N^2\alpha)\, A^2 + (b + BA^2)\, A^2 a_N$$

mit

$$T = (\tfrac{1}{4}\, I_{N/2}A^2 + b_N)\,(\tfrac{3}{4}\, I_{N/2}A^2 + b_N) + a_N^2$$

und daraus durch Quadrieren und Addieren mit (6) die Gleichung zweiten Grades in α und vierten Grades in A^2

$$T^2 = \{[(\tfrac{3}{4}\, I_{N/2}A^2 + b_N)(b + BA^2) - (R_0 - 2N^2\alpha)\, a_N]^2 +$$
$$+ [(\tfrac{1}{4}\, I_{N/2}A^2 + b_N)\,(R_0 - 2N^2\alpha) + (b + BA^2)\, a_N]^2\}\, A^2 .$$

Speziell für $a_N = 0$ erhalten wir bei nichtverschwindenden Nennern

$$2N^2\alpha = R_0 \pm \left(\frac{3}{4}\, I_{N/2}A^2 + b_N\right) \sqrt{\frac{1}{A^2} - \left(\frac{b + BA^2}{\frac{1}{4}\, I_{N/2}A^2 + b_N}\right)^2} \qquad (8)$$

oder, wenn noch $b_N = 0$ gilt,

$$2N^2\alpha = R_0 \pm 3\sqrt{\tfrac{1}{16}\, I_{N/2}^2 A^2 - (b + BA^2)^2} . \qquad (9)$$

Die letzte Gleichung führt im Falle $B \neq 0$ für $64bB < I_{N/2}^2$ zu einer reellen Resonanzkurve zwischen einem durch

$$I_{N/2}^2 - 32bB \pm I_{N/2} \sqrt{I_{N/2}^2 - 64bB}$$

gegebenen endlichen Maximalwert und (für $b \neq 0$ positiven) Minimalwert von $32\, B^2 A^2$, im Falle $B = 0$ oberhalb der durch $I_{N/2}^2 A^2 \geqq 16b^2$ gegebenen Minimalamplitude zu einer reellen Resonanzkurve.

Die für nichtverschwindende Zwangserregung, $b_N \neq 0$, geltende Gleichung (8) führt zu der Realitätsbedingung

$$(\tfrac{1}{4}\, I_{N/2}A^2 + b_N)^2 \geqq (b + BA^2)^2\, A^2 . \qquad (10)$$

Bei linearer Dämpfung, $B = 0$, ist sie im Falle

$$b^2 \leqq I_{N/2} b_N \qquad (11)$$

für alle Amplitudenwerte, im entgegengesetzten Falle genau dann erfüllt, wenn $\frac{1}{8}\, I_{N/2}^2 A^2$ außerhalb des Intervalles liegt, das durch die beiden positiven Werte

$$b^2 - \tfrac{1}{2}\, I_{N/2} b_N \pm b \sqrt{b^2 - I_{N/2} b_N}$$

gebildet wird. Bei nichtlinearer Dämpfung folgt aus (10) eine endliche Maximalamplitude. Die Bedingung (11) für den stetigen Übergang zu relativ großen Amplitudenwerten läßt sich als Bedingung für die besondere Gefährlichkeit der entstehenden Schwingungen interpretieren; ist sie nicht erfüllt, bedarf es für den Übergang zu dem oberen Teil der Resonanzkurve bestimmter endlicher Störungen.

In dem zweiten Sonderfall $R_1 = R_2 = I_{N/2} = a_N = b_N = 0$ sind (7) und die durch Multiplikation von (5) mit $\begin{pmatrix} r \\ s \end{pmatrix}$ entstehende Gleichung zwar nicht linear in r, s, trotzdem führen sie durch Quadrieren und Addition zu den nicht mehr einzeln von r und s abhängigen Gleichungen $A = 0$ bzw.

$$2N^2\alpha = R_0 \pm \sqrt{\tfrac{1}{16} I_{(3/2)N}^2 A^2 - (b + BA^2)^2}\,.$$

Aus der letzten Gleichung folgt ein ganz analoges Lösungsverhalten wie aus (9).

In allgemeineren Fällen muß ein numerisches Lösungsverfahren angewendet werden. Dazu wird die Gleichung (7) nach Einsetzen von r aus (6) eine Gleichung sechsten Grades in s,

$$\overline{\overline{I}}^2 s^6 + 4\overline{\overline{I}} R_1 s^5 + [(4R_1^2 + 2\overline{\overline{I}}w) \quad A^2\overline{I}^2 + 4R_2^2]\, s^4 + (4R_1 w - 4A^2\overline{\overline{I}}R_1 + 4a_N R_2)\, s^3 + \\ + [w^2 - A^2(4R_1^2 + 2\overline{\overline{I}}w) + a_N^2 - 4R_2 z]\, s^2 - (4A^2 R_1 w + 2a_N z)\, s + z^2 - A^2 w^2 = 0\,, \qquad (12)$$

mit den Abkürzungen

$$I = \tfrac{1}{4} I_{N/2} - \tfrac{3}{4} I_{(3/2)N}\,, \qquad \overline{I} = I_{N/2} + I_{(3/2)N}\,, \qquad \overline{\overline{I}} = I - \tfrac{1}{4}\overline{I}\,,$$
$$w = b_N + \tfrac{1}{4}\overline{I}A^2\,, \qquad z = BA^4 + (R_2 + b)\,A^2\,,$$

umgestaltet. Bei vorgegebenen Werten von A ist die Berechnung von s aus (12), r aus (6) und der zugehörigen Werte der Frequenzvariation α aus einer der beiden Gleichungen (5), das heißt die Bestimmung der Resonanzkurven $A = f(\alpha, I_{N/2}, I_{(3/2)N}, \ldots)$ möglich.

Der Einfluß der nichtlinearen Parametererregung auf die Resoannzamplitude der relativen Bewegung soll im weiteren an Hand einiger Beispiele verfolgt werden. Diese wurden auf Grund von (12), (6) und (5) für den Fall $N = K = 2$, das heißt $\lambda_0 = 4$, $\lambda_{1,2} \neq 4$ berechnet und in Form von Resonanzkurven dargestellt.

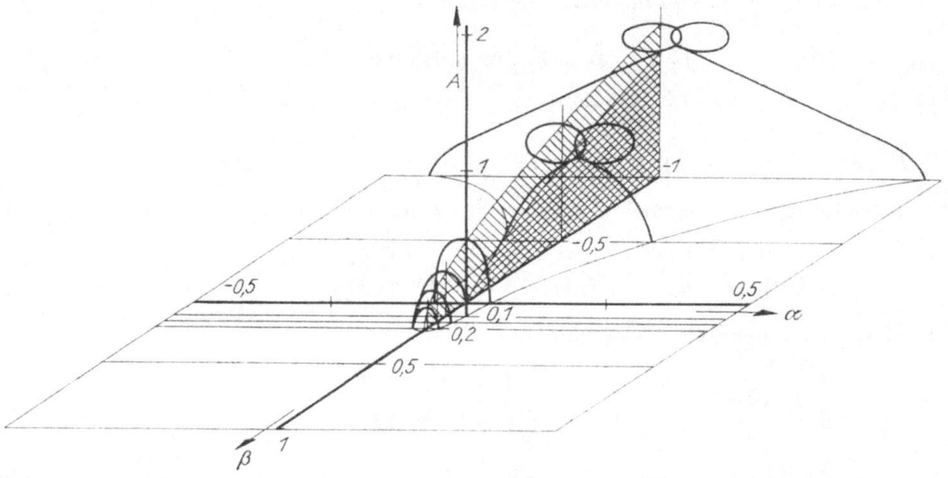

Abb. 1. Resonanzverlauf in Abhängigkeit von der linearen Dämpfung bzw. Selbsterregung β bei Parametererregung ($a_N = 0$; $I_1 = I_3 = 0$; $\delta_{1,2} = 0$; $D = D_{1,2} = 0{,}1$)

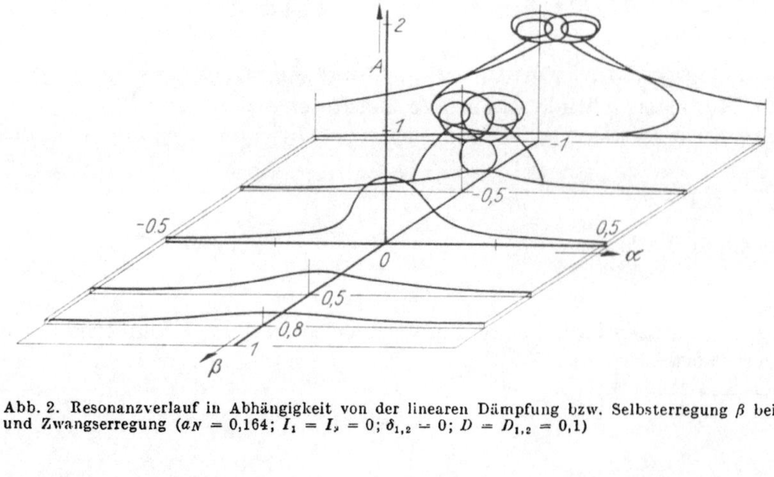

Abb. 2. Resonanzverlauf in Abhängigkeit von der linearen Dämpfung bzw. Selbsterregung β bei gekoppelter Parametererregung und Zwangserregung ($a_N = 0{,}164$; $I_1 = I_3 = 0$; $\delta_{1,2} = 0$; $D = D_{1,2} = 0{,}1$)

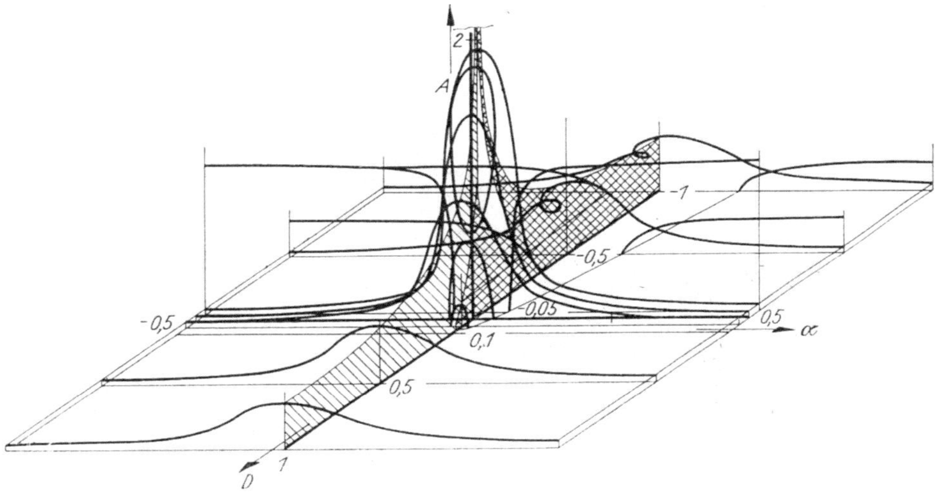

Abb. 3. Resonanzverlauf in Abhängigkeit von der nichtlinearen Dämpfung bzw. Selbsterregung D bei gekoppelter Parametererregung und Zwangserregung ($a_N = 0{,}164$; $I_1 = I_3 = 0$; $\beta = 0{,}1$; $\delta_{1,2} = 5{,}33 \cdot 10^{-3}$; $D_{1,2} = 0{,}01$)

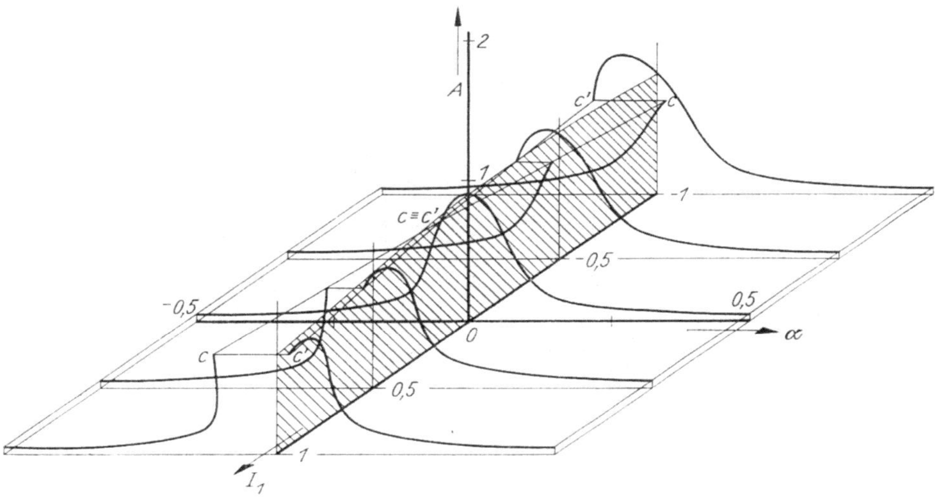

Abb. 4. Resonanzverlauf der gedämpften parameter- und zwangserregten Schwingungen bei Vorhandensein einer Parameternichtlinearität ($I_3 = 0$; $a_N = 0{,}164$; $\beta = 0{,}1$; $\delta_{1,2} = 5{,}33 \cdot 10^{-3}$; $D = 0{,}05$; $D_{1,2} = 0{,}01$)

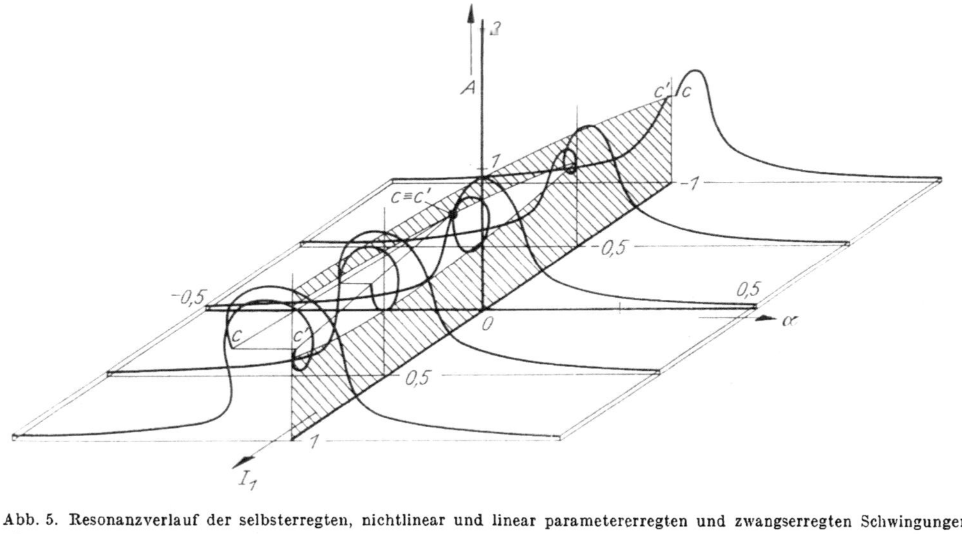

Abb. 5. Resonanzverlauf der selbsterregten, nichtlinear und linear parametererregten und zwangserregten Schwingungen ($I_3 = 0$; $a_N = 0{,}164$; $\beta = 0{,}1$; $\delta_{1,2} = 5{,}33 \cdot 10^{-3}$; $D = -0{,}15$; $D_{1,2} = 0{,}01$)

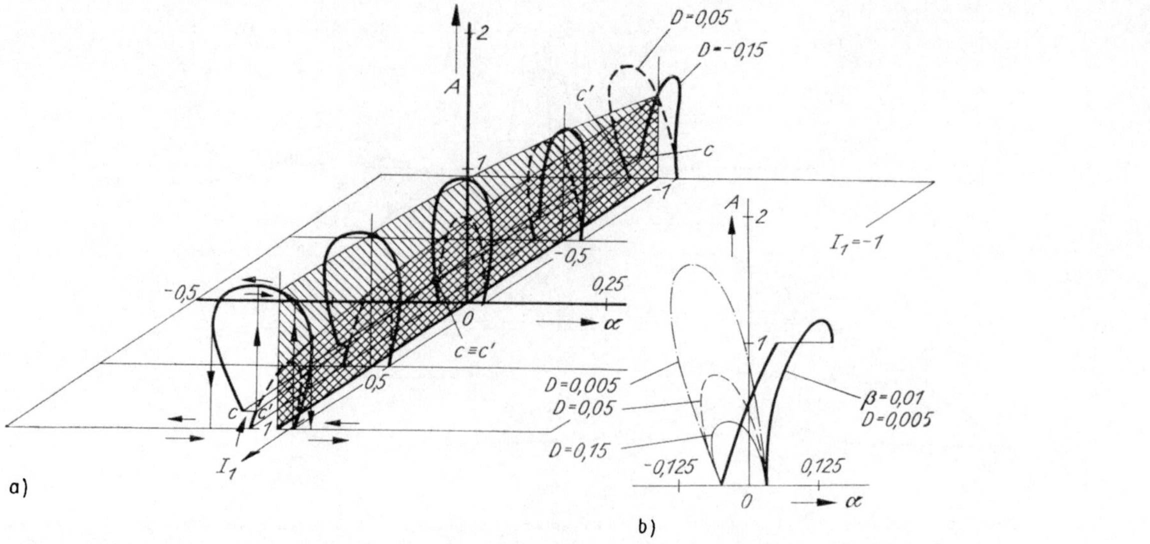

Abb. 6. Resonanzverlauf der gedämpften und selbsterregten sowie nichtlinear und linear parametererregten Schwingungen ($I_3 = 0$; $a_N = 0$; $\beta = 0{,}1$; $\delta_{1,2} = 5{,}33 \cdot 10^{-3}$; $D_{1,2} = 0{,}01$)

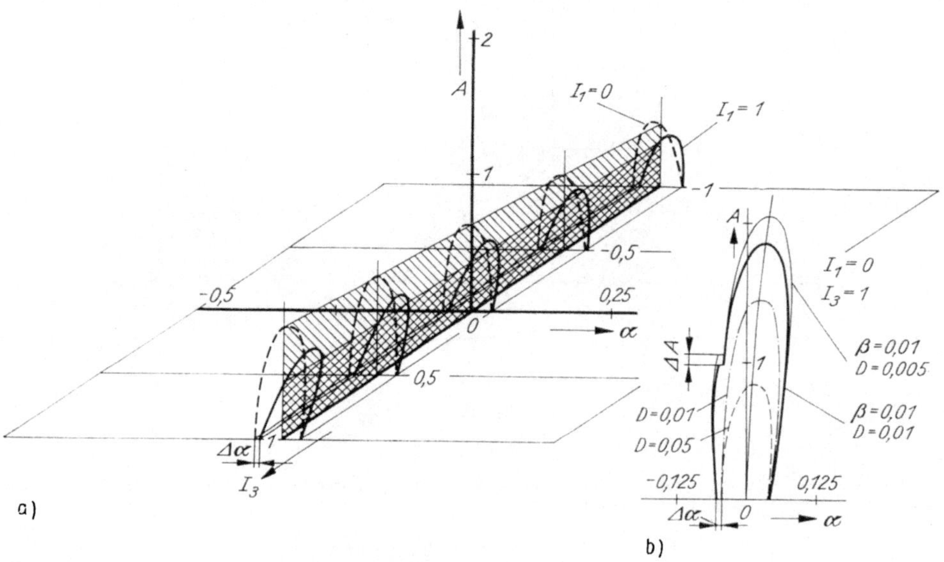

Abb. 7. Resonanzverlauf der gedämpften nichtlinear und linear parametererregten Schwingungen ($a_N = 0$; $\beta = 0{,}1$; $\delta_{1,2} = 5{,}33 \cdot 10^{-3}$; $D = 0{,}05$; $D_{1,2} = 0{,}01$)

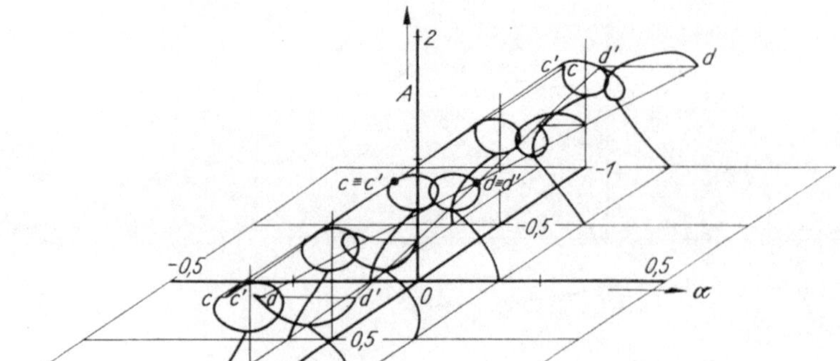

Abb. 8. Resonanzverlauf der selbsterregten linear und nichtlinear parametererregten Schwingungen ($I_1 = 0$; $a_N = 0$; $\beta = -0{,}5$; $\delta_{1,2} = 0$; $D = D_{1,2} = 0{,}1$)

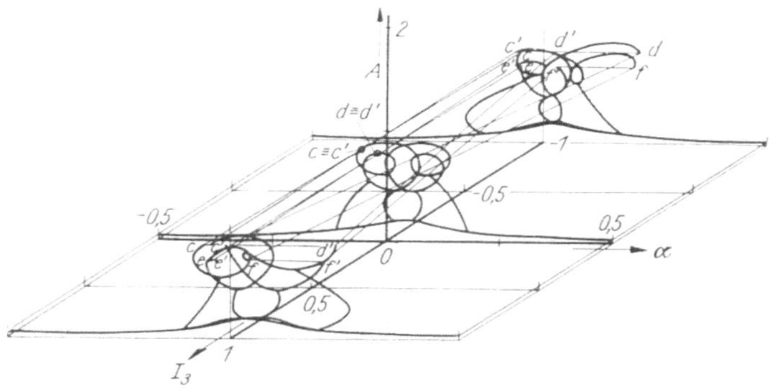

Abb. 9. Resonanzverlauf der selbsterregten linear und nichtlinear parametererregten und zwangserregten Schwingungen ($I_1 = 0$; $a_N = 0{,}164$; $\beta = -0{,}5$; $\delta_{1,2} = 0$; $D = D_{1,2} = 0{,}1$)

Zum Vergleich mit dem in [5] untersuchten Fall fehlender Parameternichtlinearitäten sind in Abb. 1, 2 und 3 Resonanzkurven für $I_1 = I_3 = 0$ und Bereiche der gedämpften sowie der selbsterregten Schwingungen in Abhängigkeit von der Frequenzvariation α dargestellt. Der Einfluß der linearen Dämpfung beziehungsweise Selbsterregung β auf die Amplitudenmehrdeutigkeit und Amplitudengröße für reine Parametererregung ($a_N = 0$) ist aus Abb. 1, für den gekoppelten parameter- und zwangserregten Fall ($a_N \neq 0$) aus Abb. 2 ersichtlich. Der Einfluß einer kubischen Dämpfung $D > 0$ beziehungsweise Selbsterregung $D < 0$ ist in Abb. 3 wiedergegeben. Während sich im Bereich der selbsterregten Schwingungen die Amplituden A bei wachsenden Werten $|\beta|$ vergrößern, weist der Amplitudenverlauf in Abhängigkeit von D ein Maximum bei $D = -0,2$ aus. Die von der Dämpfung abhängige Amplitudenmehrdeutigkeit ist in der mittleren Schnittebene ($\alpha = 0$) der Abb. 1 und 3 durch Schraffierung betont.

Den Einfluß der ersten Harmonischen $I_{N/2} = I_1$ der Parameternichtlinearität auf den Resonanzverlauf im Bereich der gedämpften parameter- und zwangserregten Schwingungen zeigt Abb. 4. Diese Nichtlinearitäten I_1 verursachen im Bereich der positiven Werte an den Unterresonanzzweigen sprungartige Unstetigkeitsstellen cc' „aus“ dem Amplitudenresonanzverlauf, im negativen Bereich sprungartige Unstetigkeitsstellen „in“ den Amplitudenverlauf. Diese Unstetigkeiten liegen in einer nicht von I_1 und α, aber von der Dämpfung (s. auch Abb. 7b) abhängigen Ebene. Eine Kombination der Größen $I_1 = I_3 = -1$ verursacht eine Berührung des Punktes c des Unterresonanzzweiges mit dem Amplitudenverlauf im Bereich der positiven Frequenzvariation α, wodurch eine Amplitudenverringerung entstehen kann.

Die erste Harmonische I_1 der Parameternichtlinearität bewirkt weiter nach Abb. 4 außer dem Umkippen der überhängenden Resonanzkurven eine Verlaufsänderung der Unterresonanzzweige. Im positiven Bereich von I_1 weisen die Unterresonanzzweige bis zur Unstetigkeitsstelle c einen Amplitudenverlauf ähnlichen Charakters aus wie Resonanzkurven mit wachsender Federzahl, im negativen Bereich dagegen einen Amplitudenverlauf, der sich dem mit abnehmender Federzahl nähert. Der Resonanzverlauf für $I_1 = 0$ entspricht dem Schnitt $D = 0{,}05$ in Abb. 3. Der quantitative Einfluß von I_1 auf die Amplitudengröße ist im untersuchten Bereich $1 \geqq I_1 \geqq -1$ aus Abb. 4 sichtbar.

Den Einfluß von I_1 auf den Resonanzverlauf im Bereich der selbsterregten Schwingungen auf Grund der Selbsterregung $D = -0{,}15$ in der relativen Bewegung y zeigt Abb. 5. Bemerkenswert ist hier im Bereich der negativen Werte I_1 der Übergang der für selbsterregte Schwingungen typischen amplitudenmehrdeutigen Schleifenform in eine für gedämpfte Schwingungen mit positiven Werten I_1 charakteristische Resonanzform (s. Abb. 4).

Den Charakter der rein parametererregten Resonanzamplitude für gedämpfte und selbsterregte Schwingungen (auf Grund der Selbsterregung $D < 0$) in Abhängigkeit von I_1 zeigt Abb. 6a. Es wird hier das quantitative Amplitudenverhalten der beiden Resonanzkurven verglichen. Für die in Abb. 6a angegebene Systemabstimmung besitzen die Resonanzkurven der gedämpften Schwingungen im Vergleich mit den selbsterregten Schwingungen keine Unstetigkeitsstellen. Resonanzkurven in Abb. 6b entsprechen dem Schnitt $I_1 = -1$ aus Abb. 6a für bestimmte Dämpfungsmodifikationen. Die Kombination der linearen Dämpfung $\beta = 0{,}01$ und kubischen Dämpfung $D = 0{,}005$ in der relativen Bewegung y bewirkt wieder einen Resonanzverlauf (stark ausgezogene Kurve) mit sprungartiger Unstetigkeit.

Der Einfluß der dritten Harmonischen I_3 der Parameternichtlinearität ist an Hand der Beispiele der Abb. 7, 8 und 9 dargestellt.

Zum besseren Vergleich mit dem Einfluß der ersten Harmonischen I_1 in Abb. 6 sind die in Abb. 7 aufgetragenen parametererregten Resonanzkurven für dieselbe Systemabstimmung wie in Abb. 6 berechnet worden.

Qualitativ verhält sich das System der Abb. 7 im Dämpfungsfall ähnlich wie das in Abb. 6. Unstetigkeitsstellen an Unterresonanzzweigen treten wieder nach Abb. 7b bei bestimmten Dämpfungsmodifikationen auf. Die Amplitudenlage ΔA ist eine von der Dämpfung abhängige Funktion. Eine Kombination der ersten Harmonischen I_1 und der dritten I_3 (s. Abb. 7a — stark ausgezogene Resonanzkurven) verursacht ähnlich wie bei Änderung bestimmter Dämpfungsglieder (Abb. 7b) eine Verkleinerung beziehungsweise Vergrößerung $\Delta\alpha$ der Parameterresonanzbereiche, die im ganzen untersuchten Bereich I_3 konstant ist.

Der Einfluß von I_3 bei reiner Parametererregung ($a_N = 0$) und gekoppelter Parameter- und Zwangserregung ($a_N \neq 0$) im Bereich der selbsterregten Schwingungen auf Grund von $\beta < 0$ ist in den Abb. 8 und 9 angedeutet. Der Amplitudenverlauf bei $I_3 = 0$ in Abb. 8 entspricht dem Resonanzkurvenverlauf des Schnittes $\beta = -0{,}5$ der Abb. 1, in der Abb. 9 dann dem Schnitt $\beta = -0{,}5$ der Abb. 2.

In Abb. 8 der Parameterresonanzen bilden alle Unstetigkeitsstellen cc', dd' eine Ebene mit von I_3 und α unabhängigem Abstand, in Abb. 9 der gekoppelten parameter- und zwangserregten Resonanzkurven dann zwei Ebenen. Während sich I_3 mehr im Sinne der Unstetigkeiten und Frequenzsprünge an den Überresonanzzweigen auswirkt, wirkt sich dagegen I_1 stärker an den Unterresonanzzweigen aus, vgl. [6].

Zusammenfassend kann auf Grund einer Analyse [6] gezeigt werden, daß

1. Parameternichtlinearitäten I_n der Systemsteifigkeiten an Resonanzkurvenzweigen allgemein Unstetigkeiten vom Typ „Knick" beziehungsweise „Frequenzsprung" hervorrufen können;
2. Frequenzsprunggrößen lineare Funktionen von I_n sind und die von diesen Frequenzsprüngen gebildeten Ebenen (im Sinne der Ebenenlage) Funktionen der Dämpfungsfaktoren sind;
3. Parameternichtlinearitäten I_1 einen größeren Einfluß im Bereich der selbsterregten Schwingungen ($\beta < 0$, $D < 0$) an den Unterresonanzzweigen aufweisen, I_3 dagegen an den Überresonanzzweigen; im Bereich der gedämpften Schwingungen beeinflussen I_1 wie auch I_3 überwiegend die Unterresonanzzweige;
4. Parameternichtlinearitäten I_n Deformationen der Resonanzkurven in Kurven mit überhängenden Resonanzzweigen in Abhängigkeit von Größe, vom Typ beziehungsweise vom Vorzeichen der Systemdämpfung verursachen; die durch I_n bewirkten Steifigkeitsänderungen verursachen quantitative Veränderungen im Amplituden- und Frequenzbereich; kleinere Werte von I_1 rufen in gedämpften Systemen Amplitudenvergrößerungen, in selbsterregten Systemen entweder Amplitudenverringerungen oder eine Beibehaltung einer fast konstanten Amplitude hervor; Parameternichtlinearitäten I_3 verursachen im Gegensatz zu I_1 in gedämpften Systemen Amplitudenverringerungen bei kleineren Werten von I_3 und in selbsterregten Systemen eine Beibehaltung fast konstanter Amplitudengrößen im ganzen untersuchten Bereich $1 \geqq I_3 \geqq -1$;
5. nichtlineare mit der Zeit veränderliche Steifigkeitsglieder, die sogenannten Parameternichtlinearitäten beachtliche qualitative und quantitative Einflüsse auf die dynamischen Eigenschaften mechanischer Systeme haben können. Auf Grund dieser Einflüsse in Verbindung mit den Einflüssen der linearen und nichtlinearen Dämpfungen können nicht nur im Stadium des Konstruktionsentwurfes, sondern in manchen Fällen auch an schon fertigen Konstruktionen schwingungsverkleinernde Änderungen vorgenommen werden.

Eine Stabilitätsanalyse des Resonanzverhaltens an den mehrdeutigen Resonanzverzweigungen und Unstetigkeitsstellen muß einer weiteren Arbeit vorbehalten bleiben.

Literatur

1 HORTEL, M., Nichtlineare Dynamik von Planetendifferentialgetrieben mit mehreren Freiheitsgraden (tschechisch), Forschungsbericht ÚT ČSAV Z 357/71, Prag.

2 HORTEL, M., Über nichtlineare parametrische Probleme in einer Klasse von Getriebesystemen mit kinematischen Bindungen, VII. Internationale Konferenz über Nichtlineare Schwingungen, Band II, 1, Abhandlungen der Akademie der Wissenschaften der DDR, Abt. Mathematik — Naturwissenschaften — Technik, Jahrg. 1977, Nr. 5N, Akademie-Verlag, Berlin.

3 HORTEL, M., Einfluß der Lagerelastizität auf die Amplituden-Frequenzcharakteristik eines Zahnradsystems, Strojnícky časopis XXI, Nr. 6, S. 598–620.

4 SCHMIDT, G., Parametererregte Schwingungen, VEB Deutscher Verlag der Wissenschaften, Berlin 1975.

5 HORTEL, M., SCHMIDT, G., Gedämpfte und selbsterregte Schwingungen in einem nichtlinearen parametererregten System mit kinematischen Kopplungen, Proceedings of the VIIIth International Conference on Nonlinear Oscillations, Prague 1978, Academia, Prague 1979.

6 HORTEL, M., SCHMIDT, G., Einfluß nichtlinearer Parametererregung auf die Resonanzamplitude im Bereich der gedämpften und selbsterregten Schwingungen (tschechisch), Forschungsbericht ÚT ČSAV Z 674/79, Prag.

Eingereicht am 29. Juli 1980

Anschrift: Dr.-Ing. MILAN HORTEL, Institut für Thermomechanik der Tschechoslowakischen Akademie der Wissenschaften. CS 16000 Prag 6, Puschkinplatz 9, ČSSR

Prof. Dr. GÜNTER SCHMIDT, Institut für Mechanik der Akademie der Wissenschaften der DDR, DDR-1199 Berlin, Rudower Chaussee 5

ZAMM 61, 29 – 40 (1981)

H.-D. SCHRÄPEL

Analytische Berechnung nichtlinearer Eigenschwingungen durch kanonische Transformation

Herrn Professor Dr. F. WEIDENHAMMER zum 60. Geburtstag gewidmet.

In dieser Arbeit wird eine neue analytische Methode zur angenäherten Berechnung nichtlinearer Eigenschwingungen entwickelt. Zunächst werden die Bewegungsgleichungen durch die bekannte lineare Transformation in den linearen Termen entkoppelt. Die gesuchte kanonische Transformation kann dann bei nicht zu großen nichtlinearen Koppeltermen leicht angenähert berechnet werden. Es genügt die Integration der Koppelenergie nach der Zeit, wobei für die Lage- und Impulskoordinaten gerade die Lösungen des entkoppelten Systems einzusetzen sind. Durch Differenzieren folgen dann die gesuchten Näherungslösungen des gekoppelten Systems. Eine nichtlineare Schwingerkette und das elastische Pendel werden mit dieser Methode untersucht.

In this paper a new analytical method for approximate computing of non-linear free vibrations is expanded. At first the equations of motion are decoupled by the known linear transformation in the linear terms. Then the looked for canonical transformation can be computed slightly by approximation provided the coupling terms are not too large. The integration of the coupling energy after time is sufficient and hereby just the solutions of the decoupled system are to be substituted for the coordinates of position and impulse. By differentiating the looked for approximate solutions of the coupled system follow at once. A non-linear system of two degrees of freedom and the elastic pendulum are investigated by using this method.

В работе развивается новый аналитический метод приближённого рассчёта нелинейных собственных колебаний. С помощью известного линейного преобразования уравнения движения приводятся сначала к уравнениям, не связанным линейными членами. Искомое каноническое преобразование может быть легко рассчитано приближённо при не слишком больших нелинейных связанных членах. Достаточно интегрирования энергии связи по времени, причём, вместо координат положения и импульсов следует подставить решения системы несвязанных уравнений. Искомые приближённые решения системы несвязанных уравнений получаются путём дифференцирования. С помощью этого метода исследуются нелинейная колебательная цепь и упругий маятник.

1. Einleitung

Die Untersuchung nichtlinearer Schwingungen verlangt neben numerischen Verfahren auch analytische Methoden, da nur mit diesen das allgemeine Verhalten aller Bewegungen qualitativ erfaßt werden kann. Aus diesem Grunde werden die Methoden der analytischen Störungsrechnung laufend erweitert [1], [2]. Trotzdem kann die angenäherte analytische Berechnung nichtlinearer Schwingungen mit mehreren Freiheitsgraden auch bei konservativen Systemen mitunter noch recht aufwendig und schwierig sein. Deshalb wird in dieser Arbeit eine andere neue Methode [3], [4] zur angenäherten analytischen Berechnung der Lösungen nichtlinearer konservativer Systeme entwickelt, die besonders für Eigenschwingungen ohne innere Resonanzen geeignet ist. Die Bewegungsgleichungen werden zunächst durch die bekannte lineare Transformation in den linearen Termen entkoppelt. Die Integration der noch vorhandenen Koppelenergie der nichtlinearen Kopplungen liefert dann angenähert eine kanonische Transformation, durch die das System völlig entkoppelt wird. Die Lösungen des transformierten Systems können deshalb analytisch leicht beliebig genau berechnet werden. Mit diesen folgen nach Einsetzen in die kanonische Transformation die gesuchten Näherungslösungen des gegebenen Problems. Auch entfällt bei diesem Verfahren die bei der Mittelwertsmethode unentbehrliche Transformation auf die Standardform und in den entkoppelten Bewegungsgleichungen dürfen auch größere Nichtlinearitäten auftreten. Nur die Koppelenergie der nichtlinearen Kopplungen sollte nicht zu groß sein.

2. Theoretische Grundlagen

Die kanonische Form der HAMILTONschen Gleichungen

$$\dot{q}_k = \frac{\partial H}{\partial p_k}, \qquad \dot{p}_k = -\frac{\partial H}{\partial q_k}, \qquad H(q_v, p_v, t), \qquad k = 1, \dots, n \tag{2.1}$$

bleibt bei kanonischen Transformationen

$$q_k = q_k(Q_v, P_v, t), \qquad p_k = p_k(Q_v, P_v, t) \tag{2.2}$$

erhalten. Die transformierten Lage- und Impulskoordinaten genügen wieder kanonischen Bewegungsgleichungen [5], [6], [7]

$$\dot{Q}_k = \frac{\partial K}{\partial P_k}, \qquad \dot{P}_k = -\frac{\partial K}{\partial Q_k}, K(Q_v, P_v, t). \tag{2.3}$$

Auch unterscheidet sich die HAMILTONsche Funktion K des transformierten Systems von der HAMILTONschen Funktion H des gegebenen Systems (2.1) nur durch die zeitliche Ableitung einer gewissen Funktion $\mathcal{F}$, erzeugende Funktion genannt. Deshalb gibt es bei beliebigem K und gegebenem H stets eine geeignete Funktion $\mathcal{F}$ mit

$$H(q_v, p_v, t) + \frac{\partial \mathcal{F}}{\partial t} = K(Q_v, P_v, t). \tag{2.4}$$

Die erzeugende Funktion $\mathcal{F}$ hängt außerdem noch von n alten und n neuen Variablen ab, die an sich beliebig gewählt werden können. Hier wird aber nur die Funktion $\mathcal{F} = \mathcal{F}(q_v, P_v, t)$ benutzt, da diese auch die identische Transformation ermöglicht. Ihre partiellen Ableitungen

$$\frac{\partial \mathcal{F}}{\partial q_v} = p_v, \qquad \frac{\partial \mathcal{F}}{\partial P_v} = Q_v \tag{2.5}$$

liefern nach Auflösung die kanonische Transformation (2.2) und nach Einsetzen in (2.4) für $\mathcal{F}$ selber die partielle Dgl. 1. Ordnung

$$H\left(q_v, \frac{\partial \mathcal{F}}{\partial q_v}, t\right) + \frac{\partial \mathcal{F}}{\partial t} = K\left(\frac{\partial \mathcal{F}}{\partial P_v}, P_v, t\right). \tag{2.6}$$

Die Integration des gegebenen HAMILTONschen Systems (2.1) kann also auch durch die Integration des transformierten Systems (2.3) und durch die Berechnung einer geeigneten Lösung von (2.6) ersetzt werden. Dabei ist die neue HAMILTONsche Funktion K frei wählbar. Sie kann dem gegebenen Problem angepaßt werden. Setzt man K identisch gleich Null, so erhält man die bekannte HAMILTON-JACOBIsche Dgl.

$$H\left(q_v, \frac{\partial \mathcal{F}}{\partial q_v}, t\right) + \frac{\partial \mathcal{F}}{\partial t} = 0, \tag{2.7}$$

die sich besonders bei schwierigen Problemen der Himmelsmechanik bewährt hat. Die transformierten Bewegungsgleichungen verschwinden:

$$\begin{aligned} \dot{Q}_k &= 0, & \dot{P}_k &= 0, \\ Q_k &= \text{const.} = \varrho_k, & P_k &= \text{const.} = \beta_k. \end{aligned} \tag{2.8}$$

Ihre Lösungen sind deshalb willkürliche Integrationskonstanten, und die gesuchte Transformation (2.2) folgt aus einem vollständigen Integral von (2.7). Dieses hängt von n willkürlichen Konstanten β_v ab, die als neue Impulse angesehen werden können. Die partiellen Ableitungen

$$\frac{\partial \mathcal{F}}{\partial q_v} = p_v, \qquad \frac{\partial \mathcal{F}}{\partial \beta_v} = Q_v = \varrho_v, \qquad \mathcal{F} = \mathcal{F}(q_v, \beta_v, t)$$

liefern deshalb nach Umformung direkt die Lösungen von (2.1).

Das identische Verschwinden der neuen transformierten HAMILTONschen Funktion K ist keineswegs notwendig. Wird doch die Integration der Bewegungsgleichungen (2.1) vor allem durch die Kopplungen zwischen den einzelnen Koordinaten behindert. Deshalb ist auch die folgende Wahl von K sinnvoll:

$$K = K_1(Q_1, P_1, t) + \dots + K_n(Q_n, P_n, t). \tag{2.9}$$

Die transformierten Bewegungsgleichungen (2.3) sind nun entkoppelt. Sie können angenähert immer leicht gelöst werden. Auch wird nun nur ein partikuläres Integral von (2.6) für die kanonische Transformation (2.2) benötigt. Danach folgen dann durch Einsetzen der Näherungslösungen von (2.3) in (2.2) auch die gesuchten Näherungslösungen von (2.1).

Die beiden gerade beschriebenen Fälle können auch als Grenzflälle eines viel allgemeineren Sachverhaltes angesehen werden. Das neue HAMILTONsche System K (2.3) möge $m \leqq n$ Freiheitsgrade besitzen (Dies kann bei Systemen mit zyklischen Koordinaten durchaus sinnvoll sein). Dann kann die Integration des Systems (2.1) mit n Freiheitsgraden auch durch die Integration des Systems (2.3) mit m Freiheitsgraden und durch die Berechnung einer geeigneten Lösung von (2.6) mit $(n - m)$ willkürlichen Integrationskonstanten ersetzt werden. Der Fall $m = 0$ liefert die HAMILTON-JACOBIsche Dgl. und der Fall $m = n$ führt auf das entkoppelte System. Dieses soll nun noch genauer untersucht werden. Ohne Einschränkung der Allgemeinheit kann dabei vorausgesetzt werden, daß das System (2.1) in den linearen Gliedern bereits entkoppelt ist. Weiter wird aus der partiellen Dgl. (2.6) mit (die Summationskonvention wird benutzt)

$$\mathcal{F}(q_v, P_v, t) = q_v P_v + f(q_v, P_v, t), \qquad H\left(q_v, P_v + \frac{\partial f}{\partial q_v}, t\right) + \frac{\partial f}{\partial t} = K\left(q_v + \frac{\partial f}{\partial P_v}, P_v, t\right) \tag{2.10}$$

und nach Reihenentwicklung an der Stelle q_v, P_v

$$H(q_v, P_v, t) - K(q_v, P_v, t) + \frac{\partial f}{\partial t} + \frac{\partial H}{\partial p_v}\frac{\partial f}{\partial q_v} - \frac{\partial K}{\partial Q_v}\frac{\partial f}{\partial P_v} + \dots = 0. \tag{2.11}$$

Wählt man nun für die neue HAMILTONsche Funktion K (2.9) gerade die gegebene alte HAMILTONsche Funktion H ohne die nichtlinearen Koppelterme, so bleiben nur diese in (2.11) übrig. Auch können die höheren Ableitungen von f bei nicht zu großen Koppeltermen vernachlässigt werden [3] (Der Fehler hat mindestens die Ordnung ε^2).

Aus (2.11) wird so die lineare inhomogene partielle Dgl. 1. Ordnung

$$\frac{\partial H}{\partial p_v}\frac{\partial f}{\partial q_v} - \frac{\partial K}{\partial Q_v}\frac{\partial f}{\partial P_v} + \frac{\partial f}{\partial t} + \varepsilon R = 0, \qquad H = H(q_v, P_v, t), \qquad K = K(q_v, P_v, t), \qquad R = R(q_v, P_v, t). \tag{2.12}$$

In (2.12) ist ε ein kleiner Parameter, und die Summe aller nichtlinearen Koppelterme wird mit εR bezeichnet. Die Lösung von (2.12) verlangt nur die Integration der Koppelenergie εR nach der Zeit,

$$f = -\int \varepsilon R(q_v, P_v, t)\, dt, \tag{2.13}$$

wobei für die q_v, P_v eigentlich die Lösungen der charakteristischen Gleichungen von (2.12)

$$\dot{q}_v = \frac{\partial H(q_v, P_v, t)}{\partial p_v} = \frac{\partial K(q_v, P_v, t)}{\partial P_v} + \varepsilon \frac{\partial R(q_v, P_v, t)}{\partial P_v}, \qquad \dot{P}_v = -\frac{\partial K(q_v, P_v, t)}{\partial Q_v} \tag{2.14}$$

einzusetzen wären. Doch können für die Integration (2.13) auch die Lösungen des entkoppelten Systems (2.3)

$$Q_1 = Q_1(\alpha_1, \varphi_1, t), \dots, Q_n = Q_n(\alpha_n, \varphi_n, t), \qquad P_1 = P_1(\alpha_1, \varphi_1, t), \dots, P_n = P_n(\alpha_n, \varphi_n, t) \tag{2.15}$$

mit den willkürlichen Integrationskonstanten α_j, φ_j benutzt werden, da die Koppelenergie laut Voraussetzung klein ist. Bei nicht zu großen Nichtlinearitäten in den entkoppelten Bewegungsgleichungen genügen sogar die einfachen Näherungslösungen von (2.3). Der Rechenaufwand kann so wesentlich verringert werden.

Nach (2.5) und (2.10) folgt die gesuchte Transformation (2.2) aus den partiellen Ableitungen des Integrals (2.13) nach den alten Lagekoordinaten q_j und den neuen Impulskoordinaten P_j. Ohne spürbaren Fehler (der Fehler hat wieder mindestens die Ordnung ε^2) kann man zwar die partiellen Ableitungen nach den q_j durch die partiellen Ableitungen nach den Q_j ersetzen, doch ist (2.13) nach der Integration eine Funktion der Zeit und der Integrationskonstanten a_j, φ_j. Man muß also entweder mit (2.15) die α_j und φ_j eliminieren oder das Differenzieren nach den Lage- und Impulskoordinaten durch Differenzieren nach den Integrationskonstanten α_j, φ_j vornehmen. Dies ist hier besonders einfach, weil in q_k, P_k nur α_k und φ_k auftreten.

Deshalb gilt ohne Summation über die Indizes

$$\frac{\partial f}{\partial \alpha_j} = \frac{\partial Q_j}{\partial \alpha_j}\frac{\partial f}{\partial Q_j} + \frac{\partial P_j}{\partial \alpha_j}\frac{\partial f}{\partial P_j}, \qquad \frac{\partial f}{\partial \varphi_j} = \frac{\partial Q_j}{\partial \varphi_j}\frac{\partial f}{\partial Q_j} + \frac{\partial P_j}{\partial \varphi_j}\frac{\partial f}{\partial P_j}, \qquad j = 1, \dots, n. \tag{2.16}$$

Daraus folgen mit (2.5) und (2.10) die gesuchten Näherungslösungen q_j, p_j für das gegebene System (2.1) (bei den partiellen Ableitungen wird, wie schon erwähnt, q_j durch Q_j ersetzt):

$$\begin{aligned} q_j &= Q_j - \frac{\partial f}{\partial P_j} = Q_j - \frac{1}{D_j}\left(\frac{\partial f}{\partial \varphi_j}\frac{\partial Q_j}{\partial \alpha_j} - \frac{\partial f}{\partial \alpha_j}\frac{\partial Q_j}{\partial \varphi_j}\right), \\ p_j &= P_j + \frac{\partial f}{\partial q_j} = P_j + \frac{1}{D_j}\left(\frac{\partial f}{\partial \alpha_j}\frac{\partial P_j}{\partial \varphi_j} - \frac{\partial f}{\partial \varphi_j}\frac{\partial P_j}{\partial \alpha_j}\right), \\ D_j &= \frac{\partial Q_j}{\partial \alpha_j}\frac{\partial P_j}{\partial \varphi_j} - \frac{\partial Q_j}{\partial \varphi_j}\frac{\partial P_j}{\partial \alpha_j}, \qquad j = 1, \dots, n. \end{aligned} \tag{2.17}$$

Die hier vorgenommene Trennung der Nichtlinearitäten in zwei Gruppen, in die nichtlinearen Koppelglieder und in die Nichtlinearitäten des entkoppelten Systems (2.3), ist bei gewissen Problemen äußerst günstig. Die Lösungen des entkoppelten Systems können leicht genauer berechnet werden, eine zweite Näherung verlangt nur einen geringen Mehraufwand. Wesentlich größer ist dagegen im allgemeinen der Rechenaufwand bei der zweiten Näherung der entkoppelnden Transformation (2.2). Deshalb dürfen in den transformierten Bewegungsgleichungen auch größere Nichtlinearitäten auftreten, nur die Koppelenergie εR sollte klein sein.

Theoretisch bereiten auch höhere Näherungen der erzeugenden Funktion $\mathcal{F}$ keine Schwierigkeiten. Mit

$$\mathcal{F}(q_v, P_v) = q_v P_v + f(q_v, P_v, t) + f_2(q_v, P_v, t)$$

erhält man in Analogie zu (2.12) die partielle Dgl.

$$\frac{\partial H}{\partial p_v}\frac{\partial f_2}{\partial q_v} - \frac{\partial K}{\partial Q_v}\frac{\partial f_2}{\partial P_v} + \frac{\partial f_2}{\partial t} + \varepsilon^2 R_2 = 0,$$

die sich von (2.12) nur durch das inhomogene Glied unterscheidet. Ihre Lösung folgt wieder durch Integration und liefert die gesuchte zweite Näherung für die Lösungen von (2.1).

Durch die Integration (2.13) der Koppelenergie nach der Zeit können säkulare Terme auftreten, die unterschiedlich stören. In Systemen ohne innere Resonanzen lassen sie sich meistens leicht entfernen, in Systemen mit inneren Resonanzen aber nur schwer. Trotzdem dürften auch dann die gewonnenen Näherungen nützlich sein, da eine analytische angenäherte Berechnung der Lösungen nichtlinearer Systeme bei inneren Resonanzen ohne säkulare Terme grundsätzlich sehr aufwendig und häufig völlig unmöglich ist. Interessant ist auch die Deutung der säkularen Terme. Bei beschränkten Lösungen von (2.3) und zeitunabhängiger Transformation (2.2) müßte das „Stabilitätsverhalten" der Lösungen der Systeme (2.1) und (2.3) gleich sein. Wegen der nichtlinearen Kopplungen kann sich aber das Stabilitätsverhalten der Bewegungen von (2.1) von dem der Bewegungen von (2.3) wesentlich unterscheiden. Die Transformation (2.2) wird dann zeitabhängig, es treten säkulare Terme auf. Schließlich sind nichtlineare Eigenschwingungen bei inneren Resonanzen auch orbital instabil, während sie sonst nur phaseninstabil werden können. Durch eine genauere Untersuchung dieser Zusammenhänge könnte man vielleicht sogar einfache und neue Stabilitätskriterien entwickeln, doch kann hier dieses Problem nicht weiter verfolgt werden.

3. Mittelwertmethode und kanonische Störungsrechnung

Die Lösungen der entkoppelten Gleichungen (2.3) können durch asymptotische Reihenentwicklung leicht angenähert berechnet werden. Dagegen wird man bei den gekoppelten Bewegungsgleichungen (2.1) eher die Mittelwertsmethode benutzen. Bei ihr müssen die Bewegungsgleichungen zunächst in die sogenannte Standardform [1]

$$\dot{x}_k = \varepsilon X_k(t, x_1, \dots, x_n) \tag{3.1}$$

übergeführt werden, sie brauchen natürlich nicht kanonisch zu sein. In (3.1) ist ε wieder ein kleiner positiver Parameter, und die Funktionen X_k haben in komplexer Schreibweise die Form

$$X_k(t, x_1, \dots, x_n) = e^{i\nu t} X_{k\nu}(x_1, \dots, x_n) . \tag{3.2}$$

Der zeitunabhängige Anteil von (3.2) allein liefert die verkürzten Bewegungsgleichungen

$$\dot{\xi}_k = \varepsilon X_{k0}(\xi_1, \dots, \xi_n) . \tag{3.3}$$

Sie müssen möglichst exakt gelöst werden, was sehr aufwendig sein kann. Danach werden diese Lösungen an Stelle der x_j in die rechten Seiten der Bewegungsgleichungen (3.1) eingesetzt. Die gesuchten Näherungslösungen von (3.1) folgen dann durch formale Integration nach der Zeit. Mitunter werden sie auch als verbesserte 1. Näherungen bezeichnet. Dann sind die Lösungen des verkürzten Systems (3.3) die 1. Näherungen.

Störende säkulare Terme treten nur selten auf. Bei Systemen mit inneren Resonanzen [8] ist aber bereits die unvermeidliche Integration des verkürzten Systems (3.3) sehr schwierig. Sie kann sogar völlig unmöglich sein. Dann versagt auch diese Methode. Weiter kann auch die Transformation des gegebenen Systems auf die Standardform (3.1) größere Schwierigkeiten und aufwendige Rechnungen erfordern. Deshalb koppelt man die Mittelwertsmethode bei kanonischen Systemen (2.1) gerne mit der kanonischen Störungsrechnung [9]. Das System (2.1) wird in zwei Teile zerlegt,

$$H = H_0 + H_1 , \tag{3.4}$$

in ein ungestörtes, integrierbares System H_0 und in eine kleine (!) Störung H_1. Als ungestörtes System kann man zum Beispiel das entkoppelte System K ansehen. Dann ist die Koppelenergie εR die Störung H_1. Weiter sei $F_0(q_v, \beta_v, t)$ ein vollständiges Integral der Hamilton-Jacobischen Dgl. (2.7) des verkürzten Systems H_0. Dann bestimmen die partiellen Ableitungen

$$\frac{\partial \mathcal{F}_0}{\partial q_v} = p_v , \qquad \frac{\partial \mathcal{F}_0}{\partial \beta_v} = \varrho_v \tag{3.5}$$

eine kanonische Transformation, bei der die neuen Variablen ϱ_v, β_v gerade die kanonischen Integrationskonstanten der Lösungen

$$q_k = q_k(\varrho_v, \beta_v, t) , \qquad p_k = p_k(\varrho_v, \beta_v, t) \tag{3.6}$$

des verkürzten ungestörten Systems H_0 sind. Die neue transformierte Hamiltonsche Funktion H_1^* folgt nach (2.6) und (2.7) aus

$$H_0\left(q_v, \frac{\partial \mathcal{F}_0}{\partial q_v}, t\right) + H_1\left(q_v, \frac{\partial \mathcal{F}}{\partial q_v}, t\right) + \frac{\partial \mathcal{F}_0}{\partial t} = H_1(q_v, p_v, t) = H_1^*(\varrho_v, \beta_v, t) . \tag{3.7}$$

Dazu gehören die kanonischen Dgln.

$$\dot{\varrho}_k = \frac{\partial H_1^*}{\partial \beta_k} , \qquad \dot{\beta}_k = -\frac{\partial H_1^*}{\partial \varrho_k} , \tag{3.8}$$

deren Lösungen nach Einsetzen in (3.6) die genauen Lösungen von (2.1) lieferten. Die exakte Integration von (3.8) ist aber praktisch immer unmöglich, man muß sich mit einer angenäherten Integration durch die Mittelwertsmethode begnügen.

Die Mittelwertsmethode wird man also bevorzugt bei Systemen einsetzen, bei denen die Transformation auf die Standardform einfach und bekannt ist. Außerdem müssen alle Nichtlinearitäten klein sein. Sonst dürfte die hier vorgestellte Entkoppelungsmethode einfacher sein. Die kanonische Störungstheorie wird man vor allem bei Systemen mit inneren Resonanzen und schwieriger Transformation auf die Standardform benutzen.

4. Beispiele

a) Die symmetrische Schwingerkette

Mit der hier besprochenen Methode wurden in [3] bereits die 1. Näherungen für die Lösungen einer unsymmetrischen Schwingerkette mit kubischen Nichtlinearitäten berechnet. Die Lösungen wurden dort aber nicht weiter untersucht. Wegen der Unsymmetrie der Schwingerkette sind die Lösungen auch recht kompliziert. Deshalb wird hier die symmetrische Schwingerkette mit kubischen Nichtlinearitäten (Bild 1) genauer untersucht. Bei ihr sind die beiden äußeren Federn und die Massen der beiden Körper gleich. Dann gelten die Bewegungsgleichungen

$$\begin{aligned} m\ddot{x}_1 &= -(c_1 + c_2)\, x_1 + c_2 x_2 - d_1 x_1^3 - d_2(x_1 - x_2)^3 , \\ m\ddot{x}_2 &= -(c_1 + c_2)\, x_2 + c_2 x_1 - d_1 x_2^3 + d_2(x_1 - x_2)^3 . \end{aligned} \tag{4.1}$$

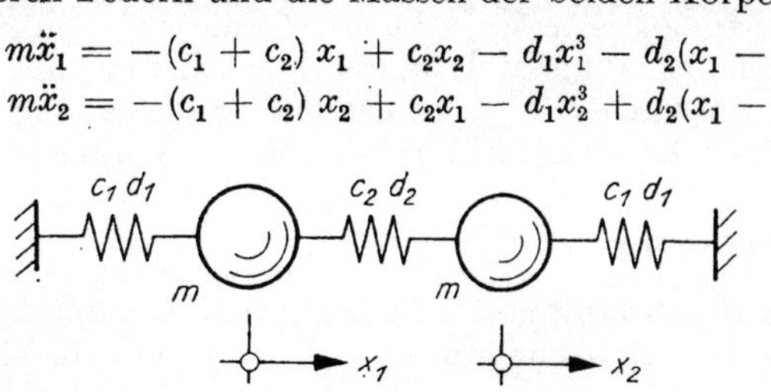

Bild 1. Symmetrische Schwingerkette

Sie müssen zunächst in den linearen Termen entkoppelt und auf die kanonische Form (2.1) gebracht werden. Dies geschieht durch die Transformation

$$x_1 = \frac{1}{\sqrt{2m}}(q_1 - q_2), \qquad x_2 = \frac{1}{\sqrt{2m}}(q_1 + q_2), \qquad \dot q_1 = p_1, \qquad \dot q_2 = p_2. \tag{4.2}$$

Mit ihr wird aus (4.1)

$$\begin{gathered} \dot q_1 = p_1, \qquad \dot q_2 = p_2, \\ \dot p_1 = -\lambda_1 q_1 - A_4^0 q_1^3 - 0{,}5\,A_2^2 q_1 q_2^2, \qquad \dot p_2 = -\lambda_2 q_2 - A_0^4 q_2^3 - 0{,}5\,A_2^2 q_1^2 q_2, \\ \lambda_1 = \frac{c_1}{m}, \qquad \lambda_2 = \frac{c_1 + 2c_2}{m}, \qquad A_4^0 = \frac{d_1}{2m^2}, \qquad A_2^2 = \frac{3d_1}{m^2}, \qquad A_0^4 = \frac{d_1}{2m^2} + \frac{4d_2}{m^2}. \end{gathered} \tag{4.3}$$

Dazu gehört die HAMILTONsche Funktion

$$H = \tfrac{1}{2}(p_1^2 + p_2^2) + \tfrac{1}{2}(\lambda_1 q_1^2 + \lambda_2 q_2^2) + \tfrac{1}{4}(A_4^0 q_1^4 + A_2^2 q_1^2 q_2^2 + A_0^4 q_2^4). \tag{4.4}$$

In (4.3) tritt nur ein Koppelterm A_2^2 auf. Deshalb unterscheidet es sich auch nur durch diesen von dem entkoppelten System

$$\dot Q_1 = P_1, \qquad \dot Q_2 = P_2, \qquad \dot P_1 = -\lambda_1 Q_1 - A_4^0 Q_1^3, \qquad \dot P_2 = -\lambda_2 Q_2 - A_0^4 Q_2^3 \tag{4.5}$$

mit der HAMILTONschen Funktion

$$K = \tfrac{1}{2}(P_1^2 + P_2^2) + \tfrac{1}{2}(\lambda_1 Q_1^2 + \lambda_2 Q_2^2) + \tfrac{1}{4}(A_4^0 Q_1^4 + A_0^4 Q_2^4). \tag{4.6}$$

Dessen Lösungen können auch bei größeren Nichtlinearitäten durch asymptotische Entwicklung recht genau bestimmt werden, da jeweils nur ein Freiheitsgrad vorliegt. Als erste Näherung für die Koordinaten und als zweite Näherung für die Kreisfrequenzen erhält man die Formeln

$$\begin{gathered} Q_1 = \alpha_1 \cos\psi_1 + \frac{A_4^0 \alpha_1^3 \cos 3\psi_1}{32\omega_1^2}, \qquad Q_2 = \alpha_2 \cos\psi_2 + \frac{A_0^4 \alpha_2^3 \cos 3\psi_2}{32\omega_2^2}, \\ P_1 = -\omega_1 \alpha_1 \sin\psi_1 - \frac{3A_4^0 \alpha_1^3 \sin 3\psi_1}{32\omega_1}, \qquad P_2 = -\omega_2 \alpha_2 \sin\psi_2 - \frac{3A_0^4 \alpha_2^3 \sin 3\psi_2}{32\omega_2}, \\ \omega_1 = \sqrt{\lambda_1} + \frac{3\alpha_1^2 A_4^0}{8\sqrt{\lambda_1}} - \frac{15\alpha_1^4 (A_4^0)^2}{256\sqrt{\lambda_1^3}}, \qquad \omega_2 = \sqrt{\lambda_2} + \frac{3\alpha_2^2 A_0^4}{8\sqrt{\lambda_2}} - \frac{15\alpha_2^4 (A_0^4)^2}{256\sqrt{\lambda_2^3}}, \\ \psi_1 = \omega_1 t + \varphi_1, \qquad \psi_2 = \omega_2 t + \varphi_2. \end{gathered} \tag{4.7}$$

Aus der partiellen inhomogenen Dgl. (2.12) wird mit (4.4) und (4.6)

$$P_1 \frac{\partial f}{\partial q_1} + P_2 \frac{\partial f}{\partial q_2} - (\lambda_1 q_1 + A_4^0 q_1^3) \frac{\partial f}{\partial P_1} - (\lambda_2 q_2 + A_0^4 q_2^3) \frac{\partial f}{\partial P_2} + \frac{\partial f}{\partial t} + \frac{A_2^2}{4} q_1^2 q_2^2 = 0. \tag{4.8}$$

Ihre Lösung folgt durch Integration der Koppelenergie nach der Zeit,

$$f = -\frac{A_2^2}{4} \int q_1^2 q_2^2 \, dt, \tag{4.9}$$

wobei für die q_1, q_2 die Lösungen der charakteristischen Gleichungen von (4.8)

$$\dot q_1 = P_1, \qquad \dot q_2 = P_2, \qquad \dot P_1 = -\lambda_1 q_1 - A_4^0 q_1^3, \qquad \dot P_2 = -\lambda_2 q_2 - A_0^4 q_2^3 \tag{4.10}$$

einzusetzen wären. Nach Abschnitt 2 können aber auch die Lösungen der entkoppelten Bewegungsgleichungen (4.5) benutzt werden.

Hier sind die charakteristischen Gleichungen (4.10) und die entkoppelten Bewegungsgleichungen (4.5) sogar identisch, weil die Koppelenergie nur von den Lagekoordinaten abhängt. Auch genügen fast immer die ersten Glieder der Näherungslösungen von (4.10) oder (4.5),

$$\begin{gathered} q_1 = Q_1 = \alpha_1 \cos\psi_1, \qquad q_2 = Q_2 = \alpha_2 \cos\psi_2, \\ p_1 = P_1 = -\omega_1 \alpha_1 \sin\psi_1, \qquad p_2 = P_2 = -\omega_2 \alpha_2 \sin\psi_2, \end{gathered} \tag{4.11}$$

bei der Integration (4.9). Nur bei sehr großen Parametern A_4^0, A_0^4 müßten die Näherungslösungen (4.7) verwendet werden. Der Rechenaufwand ist dann aber sehr viel größer. Mit (4.11) wird aus (4.9) für $\omega_1 \neq \omega_2$

$$f = -\frac{\alpha_1^2 \alpha_2^2 A_2^2}{16} \left[t + \frac{\sin 2\psi_1}{2\omega_1} + \frac{\sin 2\psi_2}{2\omega_2} + \frac{\sin 2(\psi_1 - \psi_2)}{4(\omega_1 - \omega_2)} + \frac{\sin 2(\psi_1 + \psi_2)}{4(\omega_1 + \omega_2)} \right]. \tag{4.12}$$

In (4.12) tritt ein säkularer Term auf, der bei der Näherungslösung des gekoppelten Systems (4.3) leicht beseitigt werden kann. Der säkulare Term allein liefert nach (2.17) für q_1 die Näherung

$$q_1 = \alpha_1 \cos\psi_1 - \frac{\alpha_2^2 A_2^2 t}{8\omega_1} \alpha_1 \sin\psi_1. \tag{4.13}$$

Sie unterscheidet sich nur durch höhere Potenzen in A_2^2 von

$$q_1 = \alpha_1 \cos\psi_1^*, \qquad \psi_1^* = \omega_1^* t + \varphi_1, \qquad \omega_1^* = \omega_1 + \frac{\alpha_2^2 A_2^2}{8\omega_1}. \tag{4.14}$$

Aus diesem Grunde darf (4.13) durch (4.14) ersetzt werden. Bei nichtlinearen Eigenschwingungen können so die säkularen Terme immer beseitigt werden, falls keine inneren Resonanzen vorliegen. Die 1. innere Resonanz tritt hier für $\omega_1 = \omega_2$ auf, wird aber nicht näher untersucht. Auch genügt sonst häufig schon die einfache Näherung (4.14), für die nur der säkulare Anteil benötigt wird. Wesentlich umfangreicher werden die Näherungslösungen (Die Lösungen (4.14) entsprechen den Lösungen der verkürzten Bewegungsgleichungen (3.3) und die Lösungen (4.15) den verbesserten 1. Näherungen der Mittelwertmethode) für (4.3), wenn alle Summanden von (4.12) nach (2.17) differenziert werden. Daraus folgt

$$\begin{aligned}
q_1 &= \alpha_1 \cos \psi_1 + \frac{A_4^0 \alpha_1^3}{32\omega_1^2} \cos 3\psi_1 + \frac{A_2^2 \alpha_1 \alpha_2^2}{32\,\omega_1^2 \omega_2^2 (\omega_2^2 - \omega_1^2)} \times \\
&\quad \times [\omega_1^2(\omega_2^2 - \omega_1\omega_2) \cos(\psi_1 + 2\psi_2) + \omega_1^2(\omega_2^2 + \omega_1\omega_2) \cos(\psi_1 - 2\psi_2) - 2\omega_2^2(\omega_2^2 - \omega_1^2) \cos \psi_1]\,, \\
q_2 &= \alpha_2 \cos \psi_2 + \frac{A_0^4 \alpha_2^3}{32\omega_2^2} \cos 3\psi_2 + \frac{A_2^2 \alpha_1^2 \alpha_2}{32\omega_1^2 \omega_2^2 (\omega_1^2 - \omega_2^2)} \times \\
&\quad \times [\omega_2^2(\omega_1^2 - \omega_1\omega_2) \cos(\psi_2 + 2\psi_1) + \omega_2^2(\omega_1^2 + \omega_1\omega_2) \cos(\psi_2 - 2\psi_1) - 2\omega_1^2(\omega_1^2 - \omega_2^2) \cos \psi_2]\,, \\
p_1 &= -\omega_1\alpha_1 \sin \psi_1 - \frac{3A_4^0 \alpha_1^3}{32\omega_1} \sin 3\psi_1 - \frac{A_2^2 \alpha_1 \alpha_2^2}{32\omega_1 \omega_2^2 (\omega_2^2 - \omega_1^2)} \times \\
&\quad \times [\omega_1(\omega_2^2 - \omega_1\omega_2)(\omega_1 + 2\omega_2) \sin(\psi_1 + 2\psi_2) + \omega_1(\omega_2^2 + \omega_1\omega_2)(\omega_1 - 2\omega_2) \sin(\psi_1 - 2\psi_2) - \\
&\quad - 2\omega_2^2(\omega_2^2 + \omega_1^2) \sin \psi_1]\,, \\
p_2 &= -\omega_2\alpha_2 \sin \psi_2 - \frac{3A_0^4 \alpha_2^3}{32\omega_2} \sin 3\psi_2 - \frac{A_2^2 \alpha_1^2 \alpha_2}{32\omega_1^2 \omega_2 (\omega_1^2 - \omega_2^2)} \times \\
&\quad \times [\omega_2(\omega_1^2 - \omega_1\omega_2)(\omega_2 + 2\omega_1) \sin(\psi_2 + 2\psi_1) + \omega_2(\omega_1^2 + \omega_1\omega_2)(\omega_2 - 2\omega_1) \sin(\psi_2 - 2\psi_1) - \\
&\quad - 2\omega_1^2(\omega_1^2 - \omega_2^2) \sin \psi_2]\,,
\end{aligned} \tag{4.15}$$

$$\omega_1 = \sqrt{\lambda_1} + \frac{3\alpha_1^2 A_4^0}{8\sqrt{\lambda_1}} - \frac{15\alpha_1^4 (A_4^0)^2}{256\sqrt{\lambda_1^3}} + \frac{A_2^2 \alpha_2^2}{8\sqrt{\lambda_1}}, \qquad \omega_2 = \sqrt{\lambda_2} + \frac{3\alpha_2^2 A_0^4}{8\sqrt{\lambda_2}} - \frac{15\alpha_2^4 (A_0^4)^2}{256\sqrt{\lambda_2^3}} + \frac{A_2^2 \alpha_1^2}{8\sqrt{\lambda_2}}, \tag{4.16}$$

$$\psi_1 = \omega_1 t + \varphi_1\,, \qquad \psi_2 = \omega_2 t + \varphi_2\,.$$

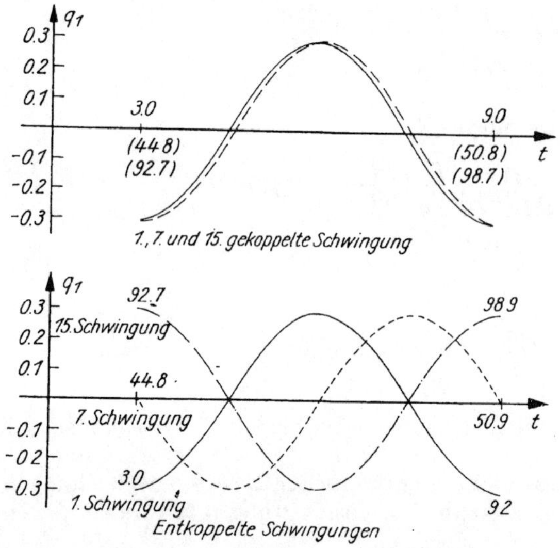

Bild 2. Phasenverschiebung durch die nichtlineare Kopplung
Parameter: $\lambda_1 = 1$, $\lambda_2 = 3$, $A_4^0 = 0.5$, $A_2^2 = 3$, $A_0^4 = 4.5$
Anfangswerte: $q_{10} = \alpha_1 = q_{20} = \alpha_2 = 0.3$, $p_{10} = p_{20} = 0.0$

Über die nichtlineare Kopplung hängen die Kreisfrequenzen (4.16) auch von der Amplitude der anderen Bewegung ab. Dadurch tritt eine zusätzliche amplitudenabhängige Phasenverschiebung auf, die bei dem entkoppelten System fehlt. Die kanonische Transformation muß dann auch explizit von der Zeit abhängen, in (4.12) muß ein säkularer Term auftreten. Den Einfluß der zusätzlichen Phasenverschiebung auf die Bewegung bei größeren Zeiten (!) zeigt deutlich Bild 2. Die gewählten Parameterwerte sind oben notiert. In der Mitte des Bildes ist die einfache Näherung (4.13) und gestrichelt eine sehr genaue Computerlösung für die 15. Schwingung eingezeichnet. Unten ist die entkoppelte Schwingung skizziert. Bei der 7. Schwingung des gekoppelten und des entkoppelten Systems ist die Phasenverschiebung schon etwa 90° und bei der 15. Schwingung 180°.

Bei der Berechnung der Näherungen (4.15) wurde nach den Integrationskonstanten α_j, φ_j in (4.12) differenziert. Natürlich könnten die Integrationskonstanten auch mit (4.11) eliminiert werden. Das Integral (4.12) hat dann die Gestalt

$$\begin{aligned}
f = \frac{A_2^2}{16\omega_1^2\omega_2^2} \Big\{ &- (P_1^2 + \omega_1^2 Q_1^2)(P_2^2 + \omega_2^2 Q_2^2)\, t + \\
&+ \frac{1}{\omega_1^2 - \omega_2^2} [\omega_1^2 Q_2 P_1^2 P_2 + \omega_1^2(\omega_1^2 - 2\omega_2^2) Q_1^2 Q_2 P_2 - \omega_2^2 Q_1 P_1 P_2^2 + \omega_2^2(2\omega_1^2 - \omega_2^2) Q_1 Q_2^2 P_1] \Big\}.
\end{aligned} \tag{4.17}$$

Durch Differenzieren nach den Lage- und Impulskoordinaten und Einsetzen der Näherungslösungen des entkoppelten Systems folgen aus (4.17) wieder die Näherungslösungen (4.15) des gekoppelten Systems (4.3). Einfacher ist hier sicher die erste Methode (2.17), das Differenzieren nach den Integrationskonstanten α_j, φ_j. Doch kann bei anderen Problemen auch das Eliminieren der Integrationskonstanten günstiger sein. Weiter interessiert bei gewissen Problemen nicht die explizite Zeitabhängigkeit der Bewegungen, sondern gerade die Abhängigkeit der einen Koordinate von der anderen Koordinate. (Dazu gehört das nichtlineare Hauptschwingungsproblem.) Schließlich kann eine der beiden Methoden auch zur Rechenkontrolle dienen. In den Näherungslösungen (4.15) werden alle Terme von 2. oder höherer Ordnung in den Parametern A_4^0, A_2^2, A_0^4 vernachlässigt. Diese Terme können verschieden groß sein. Dann sind unterschiedliche Näherungen günstiger. Am einfachsten ist die Berücksichtigung der höheren Glieder in A_4^0 oder A_0^4. Dafür werden nur die höheren Näherungen für das entkoppelte System (4.5) benötigt. Der zusätzliche Rechenaufwand ist minimal und die Verbesserung häufig beachtlich. Dies zeigen deutlich die Bilder 3, 4 und 5.

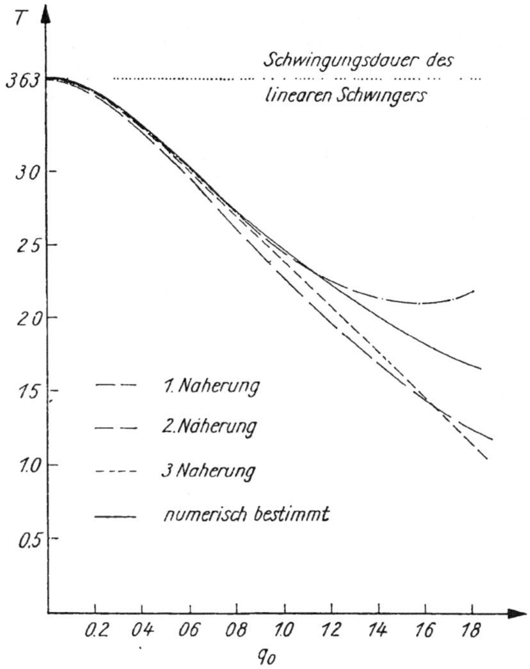

Bild 3. Abhängigkeit der Schwingungsdauer T der Bewegung q_2 von den Amplituden

Parameter: $\lambda_1 = 1$, $\lambda_2 = 3$, $A_4^0 = 0.25$, $A_2^2 = 1.5$, $A_0^4 = 4.25$
Anfangswerte: $q_{10} = \alpha_1 = q_{20} = \alpha_2 = q_0$, $p_{10} = p_{20} = 0.0$

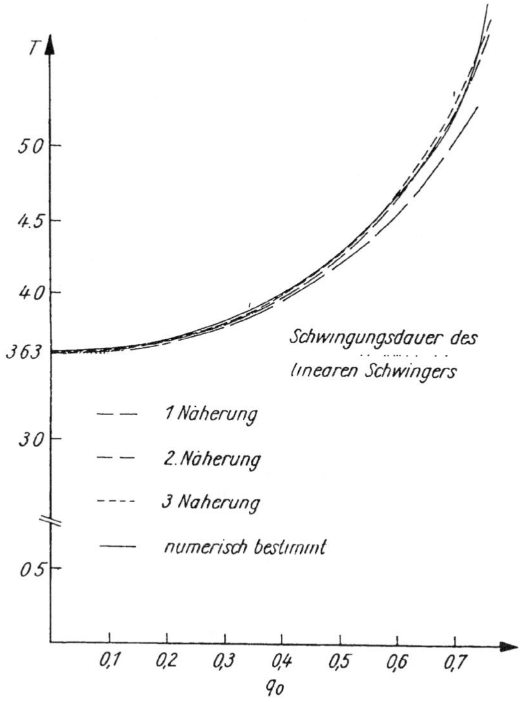

Bild 4. Abhängigkeit der Schwingungsdauer T der Bewegung q_2 von den Amplituden

Parameter: $\lambda_1 = 1$, $\lambda_2 = 3$, $A_4^0 = -0.25$, $A_2^2 = -1.5$, $A_0^4 = -4.25$
Anfangswerte: $q_{10} = \alpha_1 = q_{20} = \alpha_2 = q_0$, $p_{10} = p_{20} = 0.0$

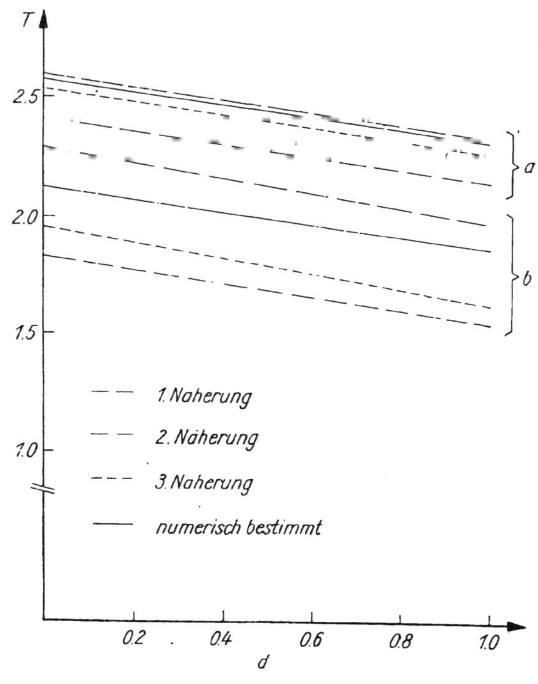

Bild 5. Abhängigkeit der Schwingungsdauer T der Bewegung q_2 von der nichtlinearen Koppelung

Parameter: $\lambda_1 = 1$, $\lambda_2 = 3$, $A_4^0 = 0.5d$, $A_2^2 = 3d$, $A_0^4 = 4 + 0.5d$
Anfangswerte: a) $q_{10} = \alpha_1 = q_{20} = \alpha_2 = 1.0$
b) $q_{10} = \alpha_1 = q_{20} = \alpha_2 = 1.4$, $p_{10} = p_{20} = 0.0$

Bei den gewählten Anfangswerten schwingen die beiden Körper der Schwingerkette gegeneinander, und die Kreisfrequenz der Schwingung q_2 wird durch

$$\omega_2 = \sqrt{\lambda_2} + \frac{3\alpha_2^2 A_0^4}{8\sqrt{\lambda_2}} + \frac{A_2^2\alpha_1^2}{8\sqrt{\lambda_2}},$$

$$\omega_2 = \sqrt{\lambda_2} + \frac{3\alpha_2^2 A_0^4}{8\sqrt{\lambda_2}} - \frac{15\alpha_2^4(A_0^4)^2}{256\sqrt{\lambda_2^3}} + \frac{A_2^2\alpha_1^2}{8\sqrt{\lambda_2}},$$

$$\omega_2 = \sqrt{\lambda_2} + \frac{3\alpha_2^2 A_0^4}{8\sqrt{\lambda_2}} - \frac{15\alpha_2^4(A_0^4)^2}{256\sqrt{\lambda_2^3}} + \frac{123(A_0^4)^3\alpha_2^6}{8192\sqrt{\lambda_2^5}} + \frac{A_2^2\alpha_1^2}{8\sqrt{\lambda_2}}$$

angenähert erfaßt. Nach diesen Näherungen und nach sehr genauen numerischen Berechnungen wurden die Kurven der Bilder 3, 4 und 5 gezeichnet. Die 2. Näherungen (der Schwingungsdauer des entkoppelten Systems) sind besonders bei größeren Amplituden wesentlich genauer als die 1. Näherungen. Dagegen bringt die 3. Näherung keine weitere Verbesserung. Sie hat nur dann einen Sinn, wenn auch die entkoppelnde Transformation genauer berechnet wird. Dies ist aber wesentlich aufwendiger und kann deshalb hier nicht mehr untersucht werden. Auch ist der Einfluß der Oberschwingungen auf die Schwingungsdauer bewußt vernachlässigt worden, da er sehr gering ist. Dieser Einfluß beträgt bei Bild 3 und $q_0 \leq 1{,}5$ weniger als 3% und bei Bild 4 und $q_0 \leq 0{,}7$ weniger als 2%. Die Lösungen der symmetrischen Schwingerkette können natürlich auch mit der Mittelwertsmethode angenähert berechnet werden. Die Transformation

$$q_i = \alpha_i \cos\psi_i\,,\qquad \dot q_i = -\alpha_i\sqrt{\lambda_i}\sin\psi_i\,,\qquad \alpha_i = \alpha_i(t)\,,\qquad \psi_i = \sqrt{\lambda_i}\,t + \Phi_i(t)\,,\qquad i = 1, 2 \tag{4.18}$$

führt das System (4.3) in die Standardform (3.1) über:

$$\begin{aligned}
\dot\alpha_1 &= \frac{\sin\psi_1}{\sqrt{\lambda_1}}\left[A_4^0\alpha_1^3\cos^3\psi_1 + \frac{A_2^2}{2}\alpha_1\alpha_2^2\cos\psi_1\cos^2\psi_2\right],\\
\dot\Phi_1 &= \frac{\cos\psi_1}{\alpha_1\sqrt{\lambda_1}}\left[A_4^0\alpha_1^3\cos^3\psi_1 + \frac{A_2^2}{2}\alpha_1\alpha_2^2\cos\psi_1\cos^2\psi_2\right],\\
\dot\alpha_2 &= \frac{\sin\psi_2}{\sqrt{\lambda_2}}\left[A_0^4\alpha_2^3\cos^3\psi_2 + \frac{A_2^2}{2}\alpha_1^2\alpha_2\cos^2\psi_1\cos\psi_2\right],\\
\dot\Phi_2 &= \frac{\cos\psi_2}{\alpha_2\sqrt{\lambda_2}}\left[A_0^4\alpha_2^3\cos^3\psi_2 + \frac{A_2^2}{2}\alpha_1^2\alpha_2\cos^2\psi_1\cos\psi_2\right].
\end{aligned}\tag{4.19}$$

Nach Abschnitt 3 und [1] wird zunächst nur der zeitunabhängige Anteil von (4.19), das verkürzte System, betrachtet:

$$\dot\alpha_1 = 0\,,\qquad \dot\alpha_2 = 0\,,\qquad \lambda_1 \neq \lambda_2\,,\qquad \dot\Phi_1 = \frac{3\alpha_1^2A_4^0 + \alpha_2^2A_2^2}{8\sqrt{\lambda_1}},\qquad \dot\Phi_2 = \frac{3_2^2\alpha A_0^4 + \alpha_1^2A_2^2}{8\sqrt{\lambda_2}}. \tag{4.20}$$

Ihre Lösungen

$$\begin{aligned}
&\alpha_1 = \text{const.}\,,\qquad \alpha_2 = \text{const.}\,,\\
&\Phi_1 = \left(\frac{3\alpha_1^2A_4^0 + \alpha_2^2A_2^2}{8\sqrt{\lambda_1}}\right)t + \varphi_1\,,\qquad \Phi_2 = \left(\frac{3\alpha_2^2A_0^4 + \alpha_1^2A_2^2}{8\sqrt{\lambda_2}}\right)t + \varphi_2
\end{aligned}\tag{4.21}$$

liefern nach Einsetzen in (4.18) für q_1 genau die Näherung (4.14)

$$q_1 = \alpha_1\cos\psi_1\,,\qquad \psi_1 = \omega_1 t + \varphi_1\,,\qquad \omega_1 = \sqrt{\lambda_1} + \frac{3\alpha_1^2A_4^0}{8\sqrt{\lambda_1}} + \frac{A_2^2\alpha_2^2}{8\sqrt{\lambda_1}}.$$

Die verbesserten 1. Näherungen folgen nach Einsetzen von (4.21) in (4.19) und formaler Integration. Dies liefert zum Beispiel für q_1 die Näherung

$$\begin{aligned}
q_1 &= \tilde\alpha_1\cos\left(\sqrt{\lambda_1}\,t + \tilde\Phi_1\right),\\
\tilde\alpha_1 &= \alpha_1\left\{1 - \frac{\alpha_1^2A_4^0}{32\sqrt{\lambda_1}}\left(\frac{4\cos 2\psi_1 + \cos 4\psi_1}{\omega_1}\right) - \frac{\alpha_2^2A_2^2}{16\sqrt{\lambda_1}}\left[\frac{\cos 2\psi_1}{\omega_1} + \frac{\cos 2(\psi_1-\psi_2)}{2(\omega_1-\omega_2)} + \frac{\cos 2(\psi_1+\psi_2)}{2(\omega_1+\omega_2)}\right]\right\},\\
\tilde\Phi_1 &= \left(\frac{3\alpha_1^2A_4^0 + \alpha_2^2A_2^2}{8\sqrt{\lambda_1}}\right)t + \frac{\alpha_1^2A_4^0}{32\sqrt{\lambda_1}}\left(\frac{8\sin 2\psi_1 + \sin 4\psi_1}{\omega_1}\right) +\\
&\quad + \frac{\alpha_2^2A_2^2}{8\sqrt{\lambda_1}}\left[\frac{\sin 2\psi_1}{2\omega_1} + \frac{\sin 2\psi_2}{2\omega_2} + \frac{\sin 2(\psi_1-\psi_2)}{4(\omega_1-\omega_2)} + \frac{\sin 2(\psi_1+\psi_2)}{4(\omega_1+\omega_2)}\right],\\
\omega_1 &= \sqrt{\lambda_1} + \frac{3\alpha_1^2A_4^0}{8\sqrt{\lambda_1}} + \frac{A_2^2\alpha_2^2}{8\sqrt{\lambda_1}},\qquad \omega_2 = \sqrt{\lambda_2} + \frac{3\alpha_2^2A_0^4}{8\sqrt{\lambda_2}} + \frac{A_2^2\alpha_1^2}{8\sqrt{\lambda_2}},\\
\psi_1 &= \omega_1 t + \varphi_1\,,\qquad \psi_2 = \omega_2 t + \varphi_2\,.
\end{aligned}\tag{4.22}$$

Diese Näherung stimmt mit (4.15) bis auf Glieder höherer Ordnung in den Parametern A_4^0, A_2^2 und A_0^4 überein.

Schließlich soll auch die Berechnung der Lösungen von (4.3) mit der kanonischen Störungstheorie kurz skizziert werden. Dazu wird die HAMILTONsche Funktion H (4.4) in die verkürzte HAMILTONsche Funktion H_0

$$H_0 = \tfrac{1}{2}(p_1^2 + p_2^2) + \tfrac{1}{2}(\lambda_1 q_1^2 + \lambda_2 q_2^2) \tag{4.23}$$

und in die Störung H_1

$$H_1 = \tfrac{1}{4}(A_4^0 q_1^4 + A_2^2 q_1^2 q_2^2 + A_0^4 q_2^4) \tag{4.24}$$

zerlegt. Bei dieser Aufspaltung von H ist die Integration der (4.23) zugeordneten HAMILTON-JACOBIschen Dgl.

$$\lambda_1 q_1^2 + \lambda_2 q_2^2 + \left(\frac{\partial \mathcal{F}_0}{\partial q_1}\right)^2 + \left(\frac{\partial \mathcal{F}_0}{\partial q_2}\right)^2 = 0$$

besonders einfach. Die partiellen Ableitungen

$$\frac{\partial \mathcal{F}_0}{\partial q_1} = p_1\,, \qquad \frac{\partial \mathcal{F}_0}{\partial q_2} = p_2\,, \qquad \frac{\partial \mathcal{F}_0}{\partial \beta_1} = \varrho_1\,, \qquad \frac{\partial \mathcal{F}_0}{\partial \beta_2} = \varrho_2$$

der Lösung

$$\mathcal{F}_0 = -(\beta_1 + \beta_2)\, t + \int (2\beta_1 - \lambda_1 q_1^2)^{1/2}\, dq_1 + \int (2\beta_2 - \lambda_2 q_2^2)^{1/2}\, dq_2$$

der HAMILTON-JACOBIschen Dgl. liefern nach Umformung die Lösungen des verkürzten Systems (4.23)

$$\begin{aligned} q_1 &= \left(\frac{2\beta_1}{\lambda_1}\right)^{1/2} \sin \sqrt{\lambda_1}\,(t + \varrho_1)\,, \qquad & q_2 &= \left(\frac{2\beta_2}{\lambda_2}\right)^{1/2} \sin \sqrt{\lambda_2}\,(t + \varrho_2)\,, \\ p_1 &= (2\beta_1)^{1/2} \cos \sqrt{\lambda_1}\,(t + \varrho_1)\,, & p_2 &= (2\beta_2)^{1/2} \cos \sqrt{\lambda_2}\,(t + \varrho_2) \end{aligned} \tag{4.25}$$

mit den kanonischen Integrationskonstanten ϱ_i, β_i und nach Einsetzen in die Störung H_1 (4.24) das transformierte System

$$\begin{aligned} H_1(q_1, q_2, p_1, p_2) = H_1^*(\varrho_1, \varrho_2, \beta_1, \beta_2) &= \frac{\beta_1^2 A_4^0}{8\,\lambda_1^2}\left[3 + \cos 4\sqrt{\lambda_1}\,(t + \varrho_1) - 4 \cos 2\sqrt{\lambda_1}\,(t + \varrho_1)\right] + \\ &+ \frac{\beta_1 \beta_2 A_2^2}{8 \lambda_1 \lambda_2}\{2 - 2 \cos 2\sqrt{\lambda_1}\,(t + \varrho_1) - 2 \cos 2\sqrt{\lambda_2}\,(t + \varrho_2) + \\ &+ \cos 2\left[\sqrt{\lambda_1}(t + \varrho_1) - \sqrt{\lambda_2}\,(t + \varrho_2)\right] + \cos 2\left[2\sqrt{\lambda_1}\,(t + \varrho_1) + 2\sqrt{\lambda_2}\,(t + \varrho_2)\right]\} + \\ &+ \frac{\beta_2^2 A_0^4}{8\,\lambda_2^2}\left[3 + \cos 4\sqrt{\lambda_2}\,(t + \varrho_2) - 4 \cos 2\sqrt{\lambda_2}\,(t + \varrho_2)\right] \end{aligned}$$

mit den neuen kanonischen Bewegungsgleichungen

$$\dot{\varrho}_1 = \frac{\partial H_1^*}{\partial \beta_1}, \qquad \dot{\varrho}_2 = \frac{\partial H_1^*}{\partial \beta_2}, \qquad \dot{\beta}_1 = -\frac{\partial H_1^*}{\partial \varrho_1}, \qquad \dot{\beta}_2 = -\frac{\partial H_2^*}{\partial \varrho_2}. \tag{4.26}$$

Diese Bewegungsgleichungen sind sehr kompliziert. Deshalb können ihre Lösungen auch nur angenähert mit der Mittelwertsmethode berechnet werden. Danach liefert Einsetzen dieser Näherungen in (4.25) die gesuchten Näherungslösungen von (4.3), die sich von (4.15) und (4.22) nur durch Terme höherer Ordnung unterscheiden.

b) Das elastische Pendel

Als weiteres Beispiel wird das elastische Pendel betrachtet (Bild 6). Ein kleiner Körper mit der Masse m sei über eine Feder mit der Federkonstanten c im Aufhängepunkt D reibungsfrei drehbar gelagert. Weiter sei l der Abstand des Massenschwerpunktes von dem Aufhängepunkt D in der statischen Ruhelage. Dann hat die HAMILTONsche Funktion die Form

$$H = \frac{c}{2}\, l^2 q_1^2 + mgl(1 + q_1)(1 - \cos q_2) + \frac{1}{2ml^2}\left[p_1^2 + \frac{p_2^2}{(1 + q_1)^2}\right]. \tag{4.27}$$

Daraus folgen die kanonischen Bewegungsgleichungen

$$\begin{aligned} \dot{q}_1 &= \frac{p_1}{ml^2}, \qquad & \dot{p}_1 &= -cl^2 q_1 - mgl(1 - \cos q_2) + \frac{p_2^2}{ml^2(1 + q_1)^3}, \\ \dot{q}_2 &= \frac{p_2}{ml^2(1 + q_1)^2}, & \dot{p}_2 &= -\,mgl(1 + q_1)\sin q_2\,. \end{aligned} \tag{4.28}$$

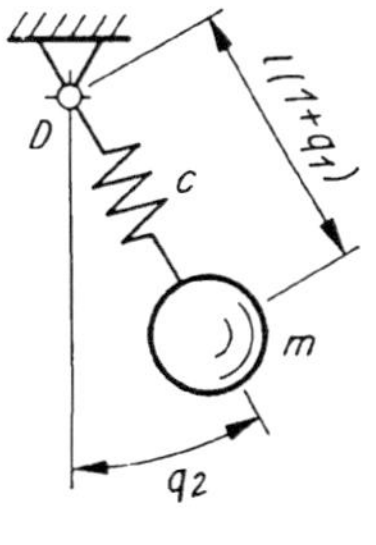

Bild 6. Elastisches Pendel

Sie sind nur durch nichtlineare Terme miteinander verknüpft und unterscheiden sich deshalb auch nur durch diese von den entkoppelten Bewegungsgleichungen

$$\dot{Q}_1 = \frac{P_1}{ml^2}, \qquad \dot{P}_1 = -cl^2 Q_1 , \qquad \dot{Q}_2 = \frac{P_2}{ml^2}, \qquad \dot{P}_2 = -mgl \sin Q_2 . \tag{4.29}$$

Dazu gehört die neue transformierte HAMILTONsche Funktion

$$K = \frac{1}{2ml^2}(P_1^2 + P_2^2) + \frac{cl^2}{2} Q_1^2 + mgl\,(1 - \cos Q_2) . \tag{4.30}$$

Die entkoppelten Bewegungsgleichungen zerfallen in die Differentialgleichung des linearen Schwingers und des starren Pendels. Die Lösungen des linearen Schwingers allein

$$Q_1 = \alpha_1 \cos \psi_1 , \qquad \psi_1 = \omega_1 t + \varphi_1 , \qquad P_1 = -ml^2 \omega_1 \alpha_1 \sin \psi_1 , \qquad \omega_1^2 = c/m \tag{4.31}$$

sind auch spezielle Lösungen des gekoppelten Systems (4.28) (Diese Bewegungen des gekoppelten Systems werden in [8], [10], [11] für die 1. innere Resonanz $\omega_1 = 2\omega_2$ ausführlich untersucht.). Die zweite Differentialgleichung, die Bewegungsgleichung des starren Pendels, kann ebenfalls exakt integriert werden. Eine angenäherte Integration

$$\begin{aligned} Q_2 &= \alpha_2 \cos \psi_2 - \frac{\alpha_2^3}{192} \cos 3\psi_2 , \qquad \psi_2 = \omega_2 t + \varphi_2 , \\ P_2 &= -ml^2 \omega_2 \alpha_2 \sin \psi_2 + \frac{ml^2 \omega_2 \alpha_2^3 \sin 3\psi_2}{64}, \qquad \omega_2 = \left(\frac{g}{l}\right)^{1/2} \left(1 - \frac{\alpha_2^2}{16} + \frac{\alpha_2^4}{1024}\right) \end{aligned} \tag{4.32}$$

ist aber nicht nur einfacher, sondern auch viel zweckmäßiger. Die erzeugende Transformation f folgt nach (2.13) angenähert durch die Integration der Koppelenergie nach der Zeit

$$f = \varepsilon \int R\big(q_v(t), P_v(t)\big)\, dt , \qquad \varepsilon R(q_v, P_v) = mglq_1(1 - \cos q_2) + \frac{P_2^2}{2ml^2}\left[\frac{1}{(1 + q_1)^2} - 1\right], \tag{4.33}$$

wobei für die $q_v(t)$, $P_v(t)$ nach Abschnitt 2 die Lösungen (4.31), (4.32) des entkoppelten Systems eingesetzt werden. Dabei genügen meistens schon die 1. Summanden von (4.32). Nur bei sehr großem α_2 sollten genauere Näherungen benutzt werden. Auch wird man in (4.33) die Koppelenergie durch eine Reihenentwicklung annähern. Hier wird die Approximation

$$\varepsilon R(q_v, P_v) \approx mglq_1 \left(\frac{q_2^2}{2} - \frac{q_2^4}{24}\right) - \frac{q_1 P_2^2}{ml^2} \tag{4.34}$$

verwendet. Aus (4.33) wird dann

$$\begin{aligned} f = \frac{ml\alpha_1\alpha_2^2}{8} \Bigg\{ & \frac{2(2\omega_2^2 l - g)}{\omega_1} \sin \psi_1 - (2\omega_2^2 l + g) \left[\frac{\sin (2\psi_2 - \psi_1)}{2\omega_2 - \omega_1} + \frac{\sin (2\psi_2 + \psi_1)}{2\omega_2 + \omega_1}\right] + \\ & + \frac{g\alpha_2^2}{48} \left[\frac{6 \sin \psi_1}{\omega_1} + \frac{4 \sin (2\psi_2 - \psi_1)}{2\omega_2 - \omega_1} + \frac{4 \sin (2\psi_2 + \psi_1)}{2\omega_2 + \omega_1} + \frac{\sin (4\psi_2 - \psi_1)}{4\omega_2 - \omega_1} + \frac{\sin (4\psi_2 + \psi_1)}{4\omega_2 + \omega_1}\right]\Bigg\}, \\ & \psi_1 = \omega_1 t + \varphi_1 , \qquad \psi_2 = \omega_2 t + \varphi_2 , \qquad \omega_1 = \left(\frac{c}{m}\right)^{1/2}, \qquad \omega_2 = \left(\frac{g}{l}\right)^{1/2} \left(1 - \frac{\alpha_2^2}{16} + \frac{\alpha_2^4}{1024}\right) \end{aligned} \tag{4.35}$$

und durch Differenzieren nach den Integrationskonstanten α_j, φ_j folgen die gesuchten Näherungslösungen von (4.28) nach (2.17)

$$\begin{aligned} q_1 &= \alpha_1 \cos \psi_1 + \frac{\alpha_2^2(2\omega_2^2 l - g)}{4\omega_1^2 l} + \frac{\alpha_2^2(2\omega_2^2 l + g)}{4l(4\omega_2^2 - \omega_1^2)} \cos 2\psi_2 + \frac{g\alpha_2^4}{64\omega_1^2 l} - \frac{g\alpha_2^4 \cos 2\psi_2}{48l(4\omega_2^2 - \omega_1^2)} - \frac{g\alpha_2^4 \cos 4\psi_2}{192l(16\omega_2^2 - \omega_1^2)}, \\ q_2 &= \alpha_2 \cos \psi_2 + \frac{\alpha_1\alpha_2}{4\omega_2 l} \left\{\left[\frac{(2\omega_2^2 l - g)}{\omega_1} - \frac{(2\omega_2^2 l + g)}{2\omega_2 - \omega_1}\right] \cos (\psi_2 - \psi_1) - \left[\frac{(2\omega_2^2 l - g)}{\omega_1} + \frac{(2\omega_2^2 l + g)}{2\omega_2 + \omega_1}\right] \cos (\psi_1 + \psi_2)\right\} - \\ & - \frac{\alpha_2^3}{192} \cos 3\psi_2 - \frac{g\alpha_1\alpha_2^3}{48l} \left[\frac{3 \cos (\psi_1 + \psi_2)}{\omega_1(2\omega_2 + \omega_1)} - \frac{3 \cos (\psi_2 - \psi_1)}{\omega_1(2\omega_2 - \omega_1)} + \right. \\ & \left. + \frac{\cos (3\psi_2 - \psi_1)}{(2\omega_2 - \omega_1)(4\omega_2 - \omega_1)} + \frac{\cos (3\psi_2 + \psi_1)}{(2\omega_2 + \omega_1)(4\omega_2 + \omega_1)}\right], \\ p_1 &= -ml^2 \omega_1 \alpha_1 \sin \psi_1 - \frac{ml\alpha_2^2(2\omega_2^2 l + g)\, \omega_2 \sin 2\psi_2}{2(4\omega_2^2 - \omega_1^2)} + \frac{\omega_2 mgl\alpha_2^4 \sin 2\psi_2}{24(4\omega_2^2 - \omega_1^2)} + \frac{\omega_2 mgl\alpha_2^4 \sin 4\psi_2}{48(16\omega_2^2 - \omega_1^2)}, \\ p_2 &= -ml^2 \omega_2 \alpha_2 \sin \psi_2 + \\ & + \frac{ml\alpha_1\alpha_2}{4} \left\{\left[\frac{(2\omega_2^2 l - g)}{\omega_1} + \frac{(2\omega_2^2 l + g)}{2\omega_2 - \omega_1}\right] \sin (\psi_1 - \psi_2) + \left[\frac{(2\omega_2^2 l - g)}{\omega_1} - \frac{(2\omega_2^2 l + g)}{2\omega_2 + \omega_1}\right] \sin (\psi_1 + \psi_2)\right\} + \\ & + \frac{ml^2 \omega_2 \alpha_2^3}{64} \sin 3\psi_2 + \frac{mgl\alpha_1\alpha_2^3}{48} \left[\frac{3(\omega_1 - \omega_2) \sin (\psi_2 - \psi_1)}{\omega_1(2\omega_2 - \omega_1)} + \frac{3(\omega_2 + \omega_1) \sin (\psi_1 + \psi_2)}{\omega_1(2\omega_2 + \omega_1)} + \right. \\ & \left. + \frac{(3\omega_2 - \omega_1) \sin (3\psi_2 - \psi_1)}{(4\omega_2 - \omega_1)(2\omega_2 - \omega_1)} + \frac{(3\omega_2 + \omega_1) \sin (3\psi_2 + \psi_1)}{(4\omega_2 + \omega_1)(2\omega_2 + \omega_1)}\right]. \end{aligned} \tag{4.36}$$

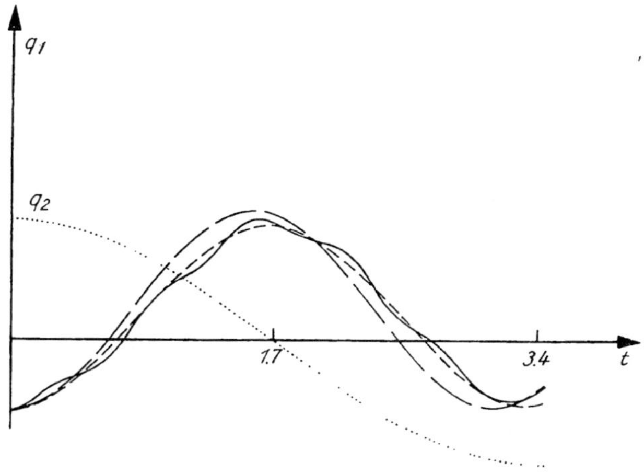

Bild 7. Verschiedene Näherungen für die Bewegung q_1 des elastischen Pendels ($\omega_1^2 = c/m = 100$, $g/l = 1$)
Anfangswerte: $q_{10} = -0.0058$, $q_{20} = \frac{1}{3}\pi \mathrel{\widehat{=}} 60°$, $p_{10} = p_{20} = 0.0$

Zu Bild 7 und Bild 8:

— — $\left[\omega_2 = \sqrt{g/l}\,; \qquad 1 - \cos q_2 = \frac{q_2^2}{2}\right]$

- - - - $\left[\omega_2 = \sqrt{g/l}\left(1 - \frac{\alpha_2^2}{16}\right); \qquad 1 - \cos q_2 = \frac{q_2^2}{2}\right]$

—·—·— $\left[\omega_2 = \sqrt{g/l}\left(1 - \frac{\alpha_2^2}{16}\right); \qquad 1 - \cos q_2 = \frac{q_2^2}{2} - \frac{q_2^4}{24}\right]$

—— numerisch bestimmt

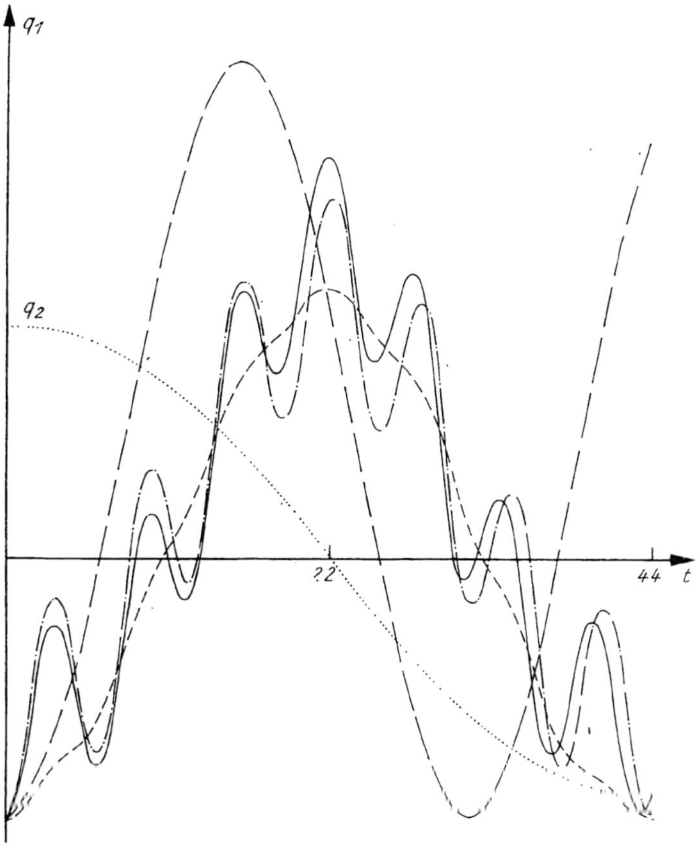

Bild 8. Verschiedene Näherungen für die Bewegung q_1 des elastischen Pendels ($\omega_1^2 = c/m = 100$, $g/l = 1$)
Anfangswerte:
$q_{10} = -0.023$, $q_{20} = \frac{2}{3}\pi \mathrel{\widehat{=}} 120°$, $p_{10} = p_{20} = 0.0$

Mit diesen Näherungslösungen und nach sehr genauen numerischen Berechnungen wurden die Bilder 7 und 8 gezeichnet. Bei der gröbsten Näherung wurde ω_2 durch $\sqrt{g/l}$ ersetzt, und die Terme 4. Ordnung in α_1, α_2 wurden nur bei der besten Näherung für Bild 8 benutzt. Außerdem wurden die Bewegungen q_2 in einem anderen kleineren Maßstab angedeutet. Die Abbildungen zeigen, daß die Näherungslösungen (4.36) auch bei großem q_2 brauchbar bleiben, wenn die Bewegungen q_1 klein bleiben. Dagegen ist die Koppelenergie εR für größere q_1 und q_2 nicht mehr klein, die Näherungen werden sich also verschlechtern. Außerdem wird dann auch die Integration (4.33) der Koppelenergie mit den Lösungen (4.31), (4.32) des entkoppelten Systems fragwürdig, da die zugeordneten charakteristischen Gleichungen (2.14)

$$\dot{q}_1 = \frac{P_1}{ml^2}, \qquad \dot{P}_1 = -cl^2 q_1, \qquad \dot{q}_2 = \frac{P_2}{ml^2(1 + q_1)^2}, \qquad \dot{P}_2 = -mgl \sin q_2 \tag{4.37}$$

über q_1 gekoppelt sind. Ihre Lösungen werden sich deshalb bei größerem q_1 spürbar von den Lösungen (4.31), (4.32) unterscheiden. Aus diesem Grunde dürften bei großem q_1 und kleinem q_2 kartesische Koordinaten günstiger sein, da dann auch die charakteristischen Gleichungen nicht mehr gekoppelt sind, während für große q_2 und kleine q_1 die hier gewählten Koordinaten vorzuziehen sind.

5. Zusammenfassung

Bei gewissen Problemen ist die angenäherte analytische Berechnung der Eigenschwingungen durch kanonische Transformation besonders günstig. Eine Transformation auf die Standardform der Mittelwertmethode ist nicht nötig. Auch dürfen in den entkoppelten Gleichungen größere Nichtlinearitäten auftreten. Zunächst wird das System (2.1) durch die bekannte lineare Transformation in den linearen Termen entkoppelt. Die Integration (2.13) der Koppelenergie der nichtlinearen Kopplungen nach der Zeit liefert die gesuchte kanonische Transformation. Dabei werden für die Integration in (2.13) die Lösungen (2.15) des entkoppelten Systems (2.3) benutzt. Danach folgen durch Differenzieren nach den Integrationskonstanten (2.17) die gesuchten Näherungslösungen von (2.1). Alle Lösungen einer symmetrischen Schwingerkette (4.3) und des elastischen Pendels werden mit dieser Methode angenähert berechnet und genauer untersucht.

Literatur

1 Bogoljubow, N. N., Mitropolski, J. A., Asymptotische Methoden in der Theorie der nichtlinearen Schwingungen, Berlin 1965.
2 Kirchgraber, U., Stiefel, E., Methoden der analytischen Störungsrechnung und ihre Anwendungen, Stuttgart 1978.
3 Schräpel, H.-D., Entkoppelung nichtlinearer Schwingungen, Ing.-Arch. **48** (79) 289—300.
4 Schräpel, H.-D., Entkopplung nichtlinearer Systeme durch kanonische Transformation, ZAMM **60** (1980). T 78—79.
5 Goldstein, H., Klassische Mechanik, 4. Aufl., Wiesbaden 1976.
6 Geiger, H., Scheel, K., Handbuch der Physik, Bd. V, Berlin 1927.
7 Hamel, G., Theoretische Mechanik, Nachdruck, Berlin 1967.
8 Mettler, E., Über höhere Näherungen in der Theorie des elastischen Pendels mit innerer Resonanz, ZAMM **55** (1975), 49—62.
9 Hagedorn, P., Nichtlineare Schwingungen, Wiesbaden 1978.
10 Kane, T. R., Khan, M. E., On a class of two-degreee-of-freedom oscillations, J. Appl. Mech. **35**, S. 547—552 (1968).
11 Heinbockel, J. H., Struble, R. A., Resonant oscillations of an extensible pendulum, ZAMP **14**, S. 262—269 (1963).

Eingereicht am 7. Juli 1980

Anschrift: Privatdozent Dr.-Ing. H.-D. Schräpel, Institut für Mechanik (Bauwesen), Pfaffenwaldring 7, 7000 Stuttgart 80, BRD

ZAMM 61, 41 – 53 (1981)

H. G. NATKE

Angenäherte Fehlerermittlung für Modalsynthese-Ergebnisse innerhalb der Systemanalyse und Systemidentifikation

Herrn Prof. Dr. F. WEIDENHAMMER zum 60. Geburtstag gewidmet

Die Modalsynthese ist ein Verfahren zur Untersuchung des dynamischen Verhaltens komplizierter schwingungsfähiger elastomechanischer Systeme mittels Subsystem-Ergebnissen. In der vorliegenden Arbeit ist für endlichdimensionale Systeme ein Verfahren zur angenäherten Fehlerermittlung der Modalsyntheseergebnisse mitgeteilt, das auf der dynamischen Kondensation beruht und die Kenntnis der Modalgrößen der unterdrückten Freiheitsgrade nicht benötigt. Das Vorgehen ist bei jeder regulären Transformation in generalisierte Koordinaten anwendbar. Beispiele zeigen für eine ungünstige Transformation die Güte der angenäherten Fehler.

Modal synthesis is based on substructure results and serves as a method for investigating complex vibrating structures. In the paper in hand an approximated error analysis is presented for multidegree-of-freedom systems which is based on dynamic condensation and does not need the knowledge of the modal magnitudes of the truncated degrees-of-freedom. The procedure is applicable to each regular transformation in generalized coordinates. Examples show the quality of the approximated errors for a disadvantageous transformation.

Модальный синтез представляет собой метод исследования сложных способных к колебанию упругомеханических систем с использованием результатов подсистем. В настоящей работе описывается метод приближённого определения ошибок результатов модального синтеза для конечномерных систем, который основывается на динамической конденсации и не требует знания модальных величин опущенных степеней свободы. Метод применим при любом регулярном преобразовании к обобщённым координатам. Примеры показывают качество определения ошибок в случае неблагоприятного преобразования.

1. Einleitung

Untersuchungen und Nachweise des dynamischen Verhaltens großer und komplizierter technischer Konstruktionen (elastomechanischer Systeme) bedürfen der Systemanalyse (aufgrund von Konstruktionszeichnungen) und der Systemidentifikation (experimentelle Systemanalyse). Diese werden zweckmäßig und wirtschaftlich an Teilen des Systems (Subsysteme) durchgeführt. Die wesentlichen Vorteile eines derartigen Vorgehens sind:

• Das Vorgehen ist praxisgerecht. Großprojekte werden heutzutage im allgemeinen in Form von Subsystemen von mehreren Unternehmen entwickelt und ausgeführt, während der Hauptauftragnehmer die Subsysteme integriert und für das (Gesamt-)System verantwortlich zeichnet.

• Das Vorgehen ist wirtschaftlich. Dem Subunternehmen obliegt die Verantwortlichkeit für das Subsystem, d. h. es muß innerhalb der Entwicklung auch das dynamische Verhalten untersuchen und ggf. nachweisen. Die Subsystemuntersuchungen implizieren ein Arbeiten mit erheblich weniger Freiheitsgraden als für das System. Außerdem werden z. B. nur Teilmengen der Subsystem-Modalgrößen ermittelt. Die Untersuchung und der Nachweis für das (Gesamt-)System erfolgen dann zweckmäßig mit den Ergebnissen der Subsysteme, anstelle einer Untersuchung oder eines Nachweises von Anfang an für das System.

• Eine Identifikation des Systems ist u. U. unmöglich (Dimension, Aufwand), lediglich die Subsysteme können experimentell untersucht werden: Die Systemaufteilung ermöglicht dann erst eine Identifikation.

An Nachteilen der Subsystemmethode sind zu nennen:

• Sie setzt eine sorgfältige Definition der Schnittstellen voraus, es können Koordinierungsprobleme auftreten.

• Es müssen zusätzlich Randbedingungen für die Subsysteme formuliert werden (beanspruchungsgemäß) und

• zusätzlich müssen die Fragen beantwortet werden: Welche Freiheitsgrade sind für die Subsysteme, welche Freiheitsgrade sind für das System wesentlich (Konvergenzbetrachtung)?

Die Wahl der Randbedingungen für die Subsysteme und die Beantwortung der beiden letzten Fragen ist mit ausschlaggebend für die Güte der Ergebnisse. Mit einem hinreichend genauen Rechenmodell könnte man innerhalb der Systemanalyse wohl eine hinreichende Anzahl von (dynamischen) Freiheitsgraden rechnen, indem z. B. wesentlich mehr Eigenschwingungsgrößen ermittelt werden als es ingenieurmäßige Überlegungen erfordern. Dieses Vorgehen ist jedoch unwirtschaftlich. Der Systemidentifikation dagegen sind engere Grenzen gesetzt.

Die nachstehenden Ausführungen sind auf diskrete lineare zeitinvariante Systeme (endlichdimensionale Prozesse, Mehrfreiheitsgradsysteme) mit starren Verbindungen zwischen den Subsystemen beschränkt. Die Verwendung der Eigenschwingungsgrößen der Subsysteme bedingt die Transformation in generalisierte Koordinaten (Modaltransformation). Das Zusammenfügen der Subsystemergebnisse mit den Modalgrößen zur Beschreibung des (Gesamt-)Systems wird als Modalsynthese bezeichnet.

2. Grundlegende Gleichungen und Problemformulierung

2.1 Syntheseformalismus

Betrachtet werden zwei Subsysteme, gekennzeichnet durch den Index $S = A, B$. Die Mitnahme von mehr als zwei Subsystemen ist möglich, bedingt aber lediglich mehr Schreibarbeit, ohne zusätzliche Erkenntnisse zu vermitteln.

Mit dem dynamischen Operator $\boldsymbol{H}_S$ angewandt auf den $(n_S, 1)$-Auslenkungsvektor $\boldsymbol{u}_S(t)$ und mit dem $(n_S, 1)$-Vektor der äußeren Kräfte $\boldsymbol{p}_S(t)$ lauten die Bewegungsgleichungen eines gewöhnlichen mechanischen linearen zeitinvarianten Subsystems

$$\boldsymbol{H}_S(D)\,\boldsymbol{u}_S(t) = \boldsymbol{p}_S(t)\,, \qquad D := \frac{\mathrm{d}}{\mathrm{d}t}\,, \quad S = A, B\,. \tag{1}$$

Im Falle eines viskos gedämpften Systems ohne Kreiselkräfte und ohne nichtkonservative Lagekräfte (passives System) gilt

$$\boldsymbol{H}_S(D)\,\boldsymbol{u}_S(t) := (D^2\boldsymbol{M}_S + D\boldsymbol{B}_S + \boldsymbol{K}_S)\,\boldsymbol{u}_S(t) = \boldsymbol{M}_S\ddot{\boldsymbol{u}}_S(t) + \boldsymbol{B}_S\dot{\boldsymbol{u}}_S(t) + \boldsymbol{K}_S\boldsymbol{u}_S(t) \tag{2}$$

mit $\dot{\boldsymbol{u}}_S(t) := \frac{\mathrm{d}}{\mathrm{d}t}\boldsymbol{u}_S(t)$,

$\boldsymbol{u}_S(t) \in \mathbb{C}_{n_S}$ (n_S — dimensionaler Vektorraum über dem Körper der komplexen Zahlen), verallgemeinerter Verschiebungsvektor,
$\boldsymbol{M}_S \in \mathcal{L}_{n_S, n_S}$ (Raum der positiv definiten Matrizen $\mathbb{R}_{n_S} \to \mathbb{R}_{n_S}$, $\mathbb{R}_{n_S}$ ist der n_S-dimensionale Vektorraum über dem Körper der reellen Zahlen) Trägheitsmatrix, $\boldsymbol{M}_S = \boldsymbol{M}_S^T$,
$\boldsymbol{B}_S \in \mathcal{L}'_{n_S, n_S}$ (Raum der positiv semidefiniten Matrizen $\mathbb{R}_{n_S} \to \mathbb{R}_{n_S}$) Dämpfungsmatrix, $\boldsymbol{B}_S = \boldsymbol{B}_S^T$,
$\boldsymbol{K}_S \in \mathcal{L}'_{n_S, n_S}$ Steifigkeitsmatrix, $\boldsymbol{K}_S = \boldsymbol{K}_S^T$,
$\boldsymbol{p}_S(t) \in \mathbb{C}_{n_S}$ Vektor der äußeren Kräfte.

Die Laplacetransformation auf die Gleichung (2) angewandt, wobei die Laplacetransformierten abhängig von der Laplacevariablen s mit den Großbuchstaben der entsprechenden Zeitfunktionen bezeichnet sind, führt für die Anfangsbedingungen Null mit $D := s$ — vorausgesetzt die zugehörigen Konvergenzbedingungen sind erfüllt — auf die Gleichung

$$\boldsymbol{H}_S(s)\,\boldsymbol{U}_S(s) := (s^2\boldsymbol{M}_S + s\boldsymbol{B}_S + \boldsymbol{K}_S)\,\boldsymbol{U}_S(s) = \boldsymbol{P}_S(s)\,. \tag{3}$$

Die Eigenschwingungen des Systems (2) erhält man mit $D := \lambda_S = j\omega_S$ für $\boldsymbol{p}_S(t) = \boldsymbol{0}$. Für das strukturell gedämpfte System mit harmonischer Erregung gilt mit $D := j\Omega$:

$$\boldsymbol{H}_S(D)\,\boldsymbol{u}_S(t) := (-\Omega^2\boldsymbol{M}_S + j\boldsymbol{D}_S + \boldsymbol{K}_S)\,\hat{\boldsymbol{u}}_S\,\mathrm{e}^{j\Omega t} = \hat{\boldsymbol{p}}_S\,\mathrm{e}^{j\Omega t}\,, \tag{4}$$

$\boldsymbol{D}_S \in \mathcal{L}'_{n_S, n_S}$, $\boldsymbol{D}_S = \boldsymbol{D}_S^T$. Das Eigenschwingungsproblem ist wieder durch $D := j\omega_S$ gekennzeichnet. Die Definition von $\boldsymbol{H}_S(D)$ für das zugeordnete konservative Eigenschwingungsproblem und für aktive Systeme (mit nichthermiteschen Systemmatrizen) sind evident.

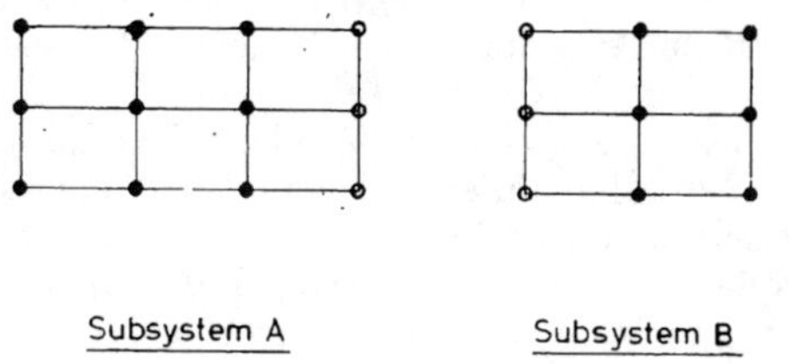

Bild 1. Innere Punkte ● und Verbindungspunkte ○ zweier Subsysteme

Unterteilt man die Kollokationspunkte (Knotenpunkte) des Subsystems S in innere Punkte und in Verbindungspunkte, die letzteren sind angrenzenden Subsystemen gemeinsam (Bild 1), so kann der Verschiebungsvektor folgendermaßen partitioniert werden:

$$\boldsymbol{u}_S(t) = \begin{pmatrix} \boldsymbol{u}_{SS}(t) \\ \boldsymbol{u}_{SV}(t) \end{pmatrix}, \quad \boldsymbol{u}_{SS}(t) \in \mathbb{C}_{n_S - n_V}\,, \quad \boldsymbol{u}_{SV}(t) \in \mathbb{C}_{n_V}\,. \tag{5}$$

$\boldsymbol{u}_{SS}(t)$ ist der Verschiebungsvektor der inneren Systempunkte, $\boldsymbol{u}_{SV}(t)$ der Verschiebungsvektor der Verbindungspunkte. Die zugehörige Partitionierung des Vektors der äußeren Kräfte

$$\boldsymbol{p}_S(t) = \begin{pmatrix} \boldsymbol{p}_{SS}(t) \\ \boldsymbol{p}_{SV}(t) \end{pmatrix}, \quad \boldsymbol{p}_{SS}(t) \in \mathbb{C}_{n_S - n_V}\,, \quad \boldsymbol{p}_{SV}(t) \in \mathbb{C}_{n_V}\,, \tag{6}$$

und den Vektor der Schnittkräfte $\boldsymbol{f}_{SV}(t)$ eingeführt, liefert mit der zugehörigen Partitionierung des dynamischen Operators die Bewegungsgleichungen (1) in der Form

$$\begin{pmatrix} \boldsymbol{H}_{SS}, & \boldsymbol{H}_{SV} \\ \boldsymbol{H}_{VS}, & \boldsymbol{H}_{VV}^S \end{pmatrix} \begin{pmatrix} \boldsymbol{u}_{SS}(t) \\ \boldsymbol{u}_{SV}(t) \end{pmatrix} = \begin{pmatrix} \boldsymbol{p}_{SS}(t) \\ \boldsymbol{p}_{SV}(t) \end{pmatrix}, \qquad S = A, B\,. \tag{7}$$

Unter der Annahme einer starren Verbindung zwischen den Subsystemen erfolgt die Subsystemsynthese mit Hilfe der kinematischen Verträglichkeitsbedingung

$$\boldsymbol{u}_{AV}(t) = \boldsymbol{u}_{BV}(t) =: \boldsymbol{u}_V(t) \tag{8a}$$

und der Gleichgewichtsbedingung

$$\boldsymbol{f}_{AV}(t) + \boldsymbol{f}_{BV}(t) = \boldsymbol{p}_V(t)\,, \qquad \boldsymbol{p}_{AV}(t) = \boldsymbol{p}_{BV}(t) =: \boldsymbol{p}_V(t)\,. \tag{8b}$$

Hieraus folgen die Bewegungsgleichungen des Systems:

$$\boldsymbol{H}(D)\,\boldsymbol{u}(t) := \begin{pmatrix} \boldsymbol{H}_{AA}, & \boldsymbol{0}, & \boldsymbol{H}_{AV} \\ \boldsymbol{0}, & \boldsymbol{H}_{BB}, & \boldsymbol{H}_{BV} \\ \boldsymbol{H}_{VA}, & \boldsymbol{H}_{VB}, & \boldsymbol{H}_{VV} \end{pmatrix} \begin{pmatrix} \boldsymbol{u}_{AA}(t) \\ \boldsymbol{u}_{BB}(t) \\ \boldsymbol{u}_{V}(t) \end{pmatrix} = \begin{pmatrix} \boldsymbol{p}_{AA}(t) \\ \boldsymbol{p}_{BB}(t) \\ \boldsymbol{p}_{V}(t) \end{pmatrix} =: \boldsymbol{p}(t)\,, \qquad \boldsymbol{H}_{VV} := \boldsymbol{H}_{VV}^{A} + \boldsymbol{H}_{VV}^{B}\,. \tag{9}$$

2.2 Transformation in generalisierte Koordinaten

Mit der regulären linearen Transformation

$$\boldsymbol{u}(t) = \boldsymbol{T}\boldsymbol{q}(t)\,, \qquad \boldsymbol{q}(t) \in \mathbb{C}_n\,, \qquad n := n_A + n_B - n_V\,, \qquad \det \boldsymbol{T} \neq 0 \tag{10}$$

und anschließender Linksmultiplikation der Gleichung (9) mit der transponierten regulären (n, n)-Matrix $\boldsymbol{V}$ (kontragrediente Transformation) erhält man die Bewegungsgleichungen in den generalisierten Koordinaten $\boldsymbol{q}(t)$:

$$\boldsymbol{V}^T\boldsymbol{H}\boldsymbol{T}\boldsymbol{q}(t) = \boldsymbol{V}^T\boldsymbol{p}(t)\,. \tag{11}$$

Für das passive viskos gedämpfte System mit $\boldsymbol{H} = \boldsymbol{H}^T$ und $\boldsymbol{V} = \boldsymbol{T}$ lautet (11):

$$\boldsymbol{M}_q\ddot{\boldsymbol{q}}(t) + \boldsymbol{B}_q\dot{\boldsymbol{q}}(t) + \boldsymbol{K}_q\boldsymbol{q}(t) = \boldsymbol{p}_q(t)\,, \tag{12a}$$

mit den generalisierten Matrizen

$$\boldsymbol{M}_q := \boldsymbol{T}^T\boldsymbol{M}\boldsymbol{T}\,, \qquad \boldsymbol{M} := \begin{pmatrix} \boldsymbol{M}_{AA}, & \boldsymbol{0}, & \boldsymbol{M}_{AV} \\ \boldsymbol{0}, & \boldsymbol{M}_{BB}, & \boldsymbol{M}_{BV} \\ \boldsymbol{M}_{VA}, & \boldsymbol{M}_{VB}, & \boldsymbol{M}_{VV} \end{pmatrix},$$

$$\boldsymbol{B}_q := \boldsymbol{T}^T\boldsymbol{B}\boldsymbol{T}\,, \qquad \boldsymbol{B} := \begin{pmatrix} \boldsymbol{B}_{AA}, & \boldsymbol{0}, & \boldsymbol{B}_{AV} \\ \boldsymbol{0}, & \boldsymbol{B}_{BB}, & \boldsymbol{B}_{BV} \\ \boldsymbol{B}_{VA}, & \boldsymbol{B}_{VB}, & \boldsymbol{B}_{VV} \end{pmatrix}, \tag{12b}$$

$$\boldsymbol{K}_q := \boldsymbol{T}^T\boldsymbol{K}\boldsymbol{T}\,, \qquad \boldsymbol{K} := \begin{pmatrix} \boldsymbol{K}_{AA}, & \boldsymbol{0}, & \boldsymbol{K}_{AV} \\ \boldsymbol{0}, & \boldsymbol{K}_{BB}, & \boldsymbol{K}_{BV} \\ \boldsymbol{K}_{VA}, & \boldsymbol{K}_{VB}, & \boldsymbol{K}_{VV} \end{pmatrix},$$

und dem Vektor der generalisierten äußeren Kräfte

$$\boldsymbol{p}_q(t) = \boldsymbol{T}^T\boldsymbol{p}(t)\,. \tag{12c}$$

Ergebnisse der Subsystemuntersuchungen (Systemanalyse, Systemidentifikation) sind im allgemeinen auch ihre Modalgrößen, so daß hier Modaltransformationen betrachtet werden. Die Matrix $\boldsymbol{T}$ enthält demzufolge die Modalmatrizen der Rechtseigenvektoren, die Matrix $\boldsymbol{V}$ die Modalmatrizen der Linkseigenvektoren (als Spaltenvektoren) der Subsysteme.

In praxi sind nur Teilmengen der Subsystem-Modalgrößen bekannt. Das bedeutet, daß von den Transformationsmatrizen

$$\boldsymbol{T} = (\boldsymbol{T}_W, \boldsymbol{T}_R)\,, \qquad \boldsymbol{V} = (\boldsymbol{V}_W, \boldsymbol{V}_R) \tag{13}$$

lediglich Teilmatrizen $\boldsymbol{T}_W$, $\boldsymbol{V}_W$ bekannt sind. Die entsprechende Partitionierung des Vektors der generalisierten Koordinaten in den Vektor $\boldsymbol{q}_W(t)$ der primären (bekannten, wesentlichen) und den Vektor $\boldsymbol{q}_R(t)$ der sekundären (restlichen) Koordinaten,

$$\boldsymbol{q}(t) = \begin{pmatrix} \boldsymbol{q}_W(t) \\ \boldsymbol{q}_R(t) \end{pmatrix}, \qquad \boldsymbol{q}_W(t) \in \mathbb{C}_{n-m}\,, \qquad \boldsymbol{q}_R(t) \in \mathbb{C}_m\,, \tag{14}$$

führt auf die additive Zerlegung des Verschiebungsvektors (10):

$$\boldsymbol{u}(t) = (\boldsymbol{T}_W, \boldsymbol{T}_R)\begin{pmatrix} \boldsymbol{q}_W(t) \\ \boldsymbol{q}_R(t) \end{pmatrix} = \boldsymbol{T}_W\boldsymbol{q}_W(t) + \boldsymbol{T}_R\boldsymbol{q}_R(t)\,. \tag{10a}$$

Damit ist die Problemformulierung bezüglich (10a) gegeben:

1. Wahl eines nahezu vollständigen Ansatzvektorsystems in Form von $\boldsymbol{T}_W$ derart, daß $\|\boldsymbol{T}_R\boldsymbol{q}_R(t)\| < \varepsilon$, $\varepsilon > 0$ und unabhängig von t ist, oder
2. letztlich beliebige Wahl von $\boldsymbol{T}_W$, Untersuchung eines modifizierten, vereinfachten Formalismus in dem bspw. $\boldsymbol{q}_R(t) = \boldsymbol{0}$ gesetzt ist, Ermittlung der Näherung $\boldsymbol{u}^{(0)}(t) = \boldsymbol{T}_W\boldsymbol{q}_W^{(0)}(t)$ und Fehlerbetrachtung $\Delta\boldsymbol{u}^{(0)}(t) := \boldsymbol{u}(t) - \boldsymbol{u}^{(0)}(t)$.

Allgemeiner: Für energiebegrenzte Systeme ist das Problem zurückgeführt auf

1. die Wahl nahezu vollständiger Ansatzvektorsysteme bezüglich der Energien (Ermittlung der wesentlichen Freiheitsgrade) oder
2. bei der Wahl (nahezu) beliebiger Ansatzvektorsysteme auf eine Fehlerbetrachtung.

Im folgenden ist das zweite Problem aufgegriffen, dessen Lösung vorbereitend zur späteren Behandlung der ersten Problemformulierung dienen soll. Der Ausdruck „letztlich beliebige Wahl von $\boldsymbol{T}_W$“ ist mathematischer Art, er schließt selbstverständlich ingenieurmäßige Überlegungen ein. Sinnvoll sind natürlich nur Rechnungen für die interessierenden, wesentlichen Freiheitsgrade, d. h. für die vorgegebenen Lastfälle muß versucht werden, den jeweiligen Verschiebungsvektor $\boldsymbol{u}(t)$ innerhalb bestimmter Genauigkeitsanforderungen durch $\boldsymbol{T}_W\boldsymbol{q}_W(t)$ zu approximieren. Das Praxisproblem besteht bei Konstruktionen, für die vergleichbare Erfahrungen fehlen, in der Unsicherheit der Ergebnisse, ob mit den bekannten (errechneten, identifizierten) Modalgrößen das Ziel erreicht ist. Wiederholungsrechnungen mit zusätzlich berechneten oder identifizierten Modalgrößen der Subsysteme (Aufwand) können die bestehenden Unsicherheiten mildern, sie sind aber unwirtschaftlich.

2.3 Dynamische Kondensation

In einem nächsten Schritt ist also die Aufgabenformulierung in den Koordinaten des Vektors $\boldsymbol{q}_W(t)$ erforderlich. Hierzu dient die dynamische Kondensation [1]. Partitionieren der regulären Transformationsmatrizen $\boldsymbol{T}$ und $\boldsymbol{V}$ in bekannte $(n, n-m)$-Teilmatrizen $\boldsymbol{T}_W$, $\boldsymbol{V}_W$ (lt. Voraussetzung Rang $n-m$) und in unbekannte, restliche (n, m)-Teilmatrizen $\boldsymbol{T}_R$, $\boldsymbol{V}_R$ (lt. Voraussetzung Rang m) führt mit (14) das System der Bewegungsgleichungen (11) über in die Gleichung

$$\begin{pmatrix} \boldsymbol{V}_W^T\boldsymbol{H}\boldsymbol{T}_W, & \boldsymbol{V}_W^T\boldsymbol{H}\boldsymbol{T}_R \\ \boldsymbol{V}_R^T\boldsymbol{H}\boldsymbol{T}_W, & \boldsymbol{V}_R^T\boldsymbol{H}\boldsymbol{T}_R \end{pmatrix} \begin{pmatrix} \boldsymbol{q}_W(t) \\ \boldsymbol{q}_R(t) \end{pmatrix} = \begin{pmatrix} \boldsymbol{V}_W^T\boldsymbol{p}(t) \\ \boldsymbol{V}_R^T\boldsymbol{p}(t) \end{pmatrix}. \tag{15}$$

Die zweite Zeile von (15) liefert den Vektor der restlichen Koordinaten

$$\boldsymbol{q}_R(t) = (\boldsymbol{V}_R^T\boldsymbol{H}\boldsymbol{T}_R)^{-1}\,[\boldsymbol{V}_R^T\boldsymbol{p}(t) - \boldsymbol{V}_R^T\boldsymbol{H}\boldsymbol{T}_W\boldsymbol{q}_W(t)] \tag{16}$$

abhängig von dem Vektor der äußeren Kräfte und den generalisierten Koordinaten $\boldsymbol{q}_W(t)$. Die Gleichung (16) in die erste Zeile von (15) eingesetzt, ergibt das dynamische kondensierte Problem:

$$\boldsymbol{V}_W^T\boldsymbol{H}[\boldsymbol{I} - \boldsymbol{T}_R(\boldsymbol{V}_R^T\boldsymbol{H}\boldsymbol{T}_R)^{-1}\,\boldsymbol{V}_R^T\boldsymbol{H}]\,\boldsymbol{T}_W\boldsymbol{q}_W(t) = \boldsymbol{V}_W^T[\boldsymbol{I} - \boldsymbol{H}\boldsymbol{T}_R(\boldsymbol{V}_R^T\boldsymbol{H}\boldsymbol{T}_R)^{-1}\,\boldsymbol{V}_R^T]\,\boldsymbol{p}(t)\,, \qquad \det\,(\boldsymbol{V}_R^T\boldsymbol{H}\boldsymbol{T}_R) \neq 0\,^{1)}. \tag{17}$$

Die Matrizengleichung (17) besitzt gegenüber (11) die reduzierte Ordnung $n-m$ ohne jede Vernachlässigung. In ihr sind jedoch die unbekannten Teilmatrizen $\boldsymbol{T}_R$, $\boldsymbol{V}_R$ enthalten, und für das Eigenwertproblem ($\boldsymbol{p}(t) = \boldsymbol{0}$) enthält die in der Ordnung reduzierte Gleichung (17) die Inverse $[\boldsymbol{V}_R^T\boldsymbol{H}(\lambda)\,\boldsymbol{T}_R]^{-1}$ abhängig von dem gesuchten Eigenwert λ des Systems.[1])

Mit den Abkürzungen

$$\begin{aligned} \boldsymbol{H}_W(D) &:= \boldsymbol{V}_W^T\boldsymbol{H}[\boldsymbol{I} - \boldsymbol{T}_R(\boldsymbol{V}_R^T\boldsymbol{H}\boldsymbol{T}_R)^{-1}\,\boldsymbol{V}_R^T\boldsymbol{H}]\,\boldsymbol{T}_W\,, \\ \boldsymbol{p}_W(t) &:= \boldsymbol{V}_W^T[\boldsymbol{I} - \boldsymbol{H}\boldsymbol{T}_R(\boldsymbol{V}_R^T\boldsymbol{H}\boldsymbol{T}_R)^{-1}\boldsymbol{V}_R^T]\,\boldsymbol{p}(t) \end{aligned} \tag{18}$$

läßt sich Gleichung (17) kurz als Matrizengleichung in den primären Koordinaten schreiben

$$\boldsymbol{H}_W\boldsymbol{q}_W(t) = \boldsymbol{p}_W(t)\,. \tag{19}$$

Für das harmonisch erregte (ungedämpfte, viskos oder strukturell gedämpfte) System mit $D = j\Omega$, für das freie System mit $D = j\omega$ und für das Laplacetransformierte (ungedämpfte, viskos gedämpfte) System mit $D = s$ und einer Erregung $\boldsymbol{p}(t)$, die der Konvergenzbedingung der Laplacetransformation genügt, geht die Gleichung (19) in ein lineares algebraisches Gleichungssystem der Ordnung $n-m$ über.

2.4 Praxisvorgehen und Aufgabenstellung

Die Bewegungsgleichungen (19) können formal wohl hingeschrieben, sie können jedoch in Unkenntnis der Teilmodalmatrizen $\boldsymbol{V}_R$, $\boldsymbol{T}_R$ in praxi nicht aufgestellt werden. Um nun doch noch zu Lösungen des Problems zu kommen, werden in der Praxis die Bewegungsgleichungen abgewandelt, und es wird das modifizierte Problem

$$\boldsymbol{H}_W^{(L)}(D)\,\boldsymbol{q}_W^{(L)}(t) = \boldsymbol{p}_W^{(L)}(t) \tag{20}$$

gelöst.

Die einfachste Modifikation besteht im Vernachlässigen der restlichen Freiheitsgrade:

$$L = 0:\quad \boldsymbol{H}_W^{(0)} := \boldsymbol{V}_W^T\boldsymbol{H}\boldsymbol{T}_W\,, \qquad \boldsymbol{p}_W^{(0)}(t) := \boldsymbol{V}_W^T\boldsymbol{p}(t)\,. \tag{21}$$

In der Formulierung (21) kommen nur die bekannten Teiltransformationsmatrizen vor, es tritt keine inverse Matrix auf. Dieser Weg wird in den Anwendungen häufig beschritten, wobei zur Überprüfung der Ergebnisse nicht selten Rechnungen mit verschiedenen Werten für die Anzahl m der vernachlässigten Freiheitsgrade durchgeführt werden.

Zu einer anderen Vereinfachung gelangt man über die statische Kondensation, $L = 1$, bei der konsequent die Trägheits- und Dämpfungskopplungen zwischen den Freiheitsgraden $\boldsymbol{q}_W(t)$ und $\boldsymbol{q}_R(t)$ vernachlässigt werden:

$$\begin{aligned} L = 1:\quad &\boldsymbol{H}_W^{(1)}(D) := \boldsymbol{H}_W^{(0)}(D) + [\boldsymbol{H}_W(D) - \boldsymbol{H}_W^{(0)}(D)]|_{D=0} = \boldsymbol{V}_W^T[\boldsymbol{H}(D) - \boldsymbol{K}\boldsymbol{T}_R(\boldsymbol{V}_R^T\boldsymbol{K}\boldsymbol{T}_R)^{-1}\,\boldsymbol{V}_R^T\boldsymbol{K}]\,\boldsymbol{T}_W\,, \\ &\boldsymbol{p}_W^{(1)}(t) := \boldsymbol{V}_W^T[\boldsymbol{I} - \boldsymbol{K}\boldsymbol{T}_R(\boldsymbol{V}_R^T\boldsymbol{K}\boldsymbol{T}_R)^{-1}\,\boldsymbol{V}_R^T]\,\boldsymbol{p}(t)\,. \end{aligned} \tag{22}$$

Eine weniger weitgehende Vereinfachung besteht darin, daß nur in der Gleichung (16) für die restlichen Koordinaten der dynamische Operator $\boldsymbol{H}$ durch die Steifigkeitsmatrix $\boldsymbol{K}$ ersetzt wird (quasistatische Kondensation), $L = 2$, um rechentechnisch die Inversenbildung abhängig von dem Argument D (beim Eigenschwingungsproblem

[1]) Die Voraussetzung $\det\,[\boldsymbol{V}_R^T\boldsymbol{H}(s)\,\boldsymbol{T}_R] \neq 0$ ist im Bildraum erfüllt, wenn der Eigenwert λ_R aus $\det\,[\boldsymbol{V}_R^T\boldsymbol{H}(\lambda_R)\,\boldsymbol{T}_R] = 0$ ungleich s ist, d. h. im Falle des Eigenwertproblems, daß $\lambda_R \neq \lambda$, ungleich dem Eigenwert des Gesamtsystems ist.

abhängig von dem gesuchten Eigenwert λ) und das zweimalige multiplikative Auftreten von $\boldsymbol{H}$ im zweiten Term von $\boldsymbol{H}_W$ zu vermeiden:

$$\begin{aligned} L = 2:\quad & \boldsymbol{H}_W^{(2)}(D) := \boldsymbol{V}_W^T \boldsymbol{H}(D) \left[\boldsymbol{I} - \boldsymbol{T}_R (\boldsymbol{V}_R^T \boldsymbol{K} \boldsymbol{T}_R)^{-1} \boldsymbol{V}_R^T \boldsymbol{K}\right] \boldsymbol{T}_W , \\ & \boldsymbol{p}_W^{(2)}(t) := \boldsymbol{V}_W^T \left[\boldsymbol{I} - \boldsymbol{H} \boldsymbol{T}_R (\boldsymbol{V}_R^T \boldsymbol{K} \boldsymbol{T}_R)^{-1} \boldsymbol{V}_R^T\right] \boldsymbol{p}(t) . \end{aligned} \tag{23}$$

Die Lösungen aus den statischen Kondensationen $L = 1, 2$ werden gegenüber denen aus $L = 0$ durch die Berücksichtigung der elastischen Rückstellkräfte der restlichen Freiheitsgrade (bessere Approximationen der Steifigkeitsmatrix) genauer sein, wenn Lösungen im unteren Spektralbereich interessieren.

Weitere, weniger einschneidende Vereinfachungen der Gleichungen (19) sind:

$$\begin{aligned} L = 3:\quad & \boldsymbol{H}_W^{(3)}(D) := \boldsymbol{H}_W^{(0)}(D) - [\boldsymbol{H}_W(D) - \boldsymbol{H}_W^{(0)}(D)]|_{D=D_0} , \\ & \boldsymbol{p}_W^{(3)}(t) := \boldsymbol{p}_W(t)|_{D=D_0} , \end{aligned} \tag{24}$$

$$\begin{aligned} L = 4:\quad & \boldsymbol{H}_W^{(4)}(D) := \boldsymbol{H}_W^{(0)}(D) - [\boldsymbol{H}_W(D) - \boldsymbol{H}_W^{(0)}(D)]|_{D=\tilde{D}_i} , \\ & \qquad i \in \{1, \dots, n - m\} , \\ & \boldsymbol{p}_W^{(4)}(t) := \boldsymbol{p}_W(t)|_{D=\tilde{D}_i} . \end{aligned} \tag{25}$$

In dem modifizierten Problem $L = 3$ sind die Trägheits- und Dämpfungskräfte zusätzlich zu den elastischen Rückstellkräften an einer Stelle D_0 einbezogen. Die Wirksamkeit der Zusatzterme hängt von dem Frequenzinhalt der Lösungen gegenüber D_0 ab. In dem Fall $L = 4$, in dem die restlichen Kräfte für jeden Freiheitsgrad i mit einem festen Wert $\tilde{D}_i$ approximiert werden, ist die Genauigkeitssteigerung der betreffenden Lösung von der Wahl $\tilde{D}_i$ gegenüber den exakten Werten abhängig.

Die Modifizierungen haben u. a. den Sinn, die iterative Behandlung der Bewegungsgleichungen (19) ($L = 5$, z. B. nach dem mehrdimensionalen Newtonverfahren) zu umgehen. Der scheinbare Nachteil der Modifikationen $L \geqq 1$ liegt darin, daß sie die unbekannten Transformationsmatrizen $\boldsymbol{V}_R$, $\boldsymbol{T}_R$ enthalten.

Die sich ergebenden Aufgabenstellungen für vorgegebene Teilmodalmatrizen $\boldsymbol{V}_W$, $\boldsymbol{T}_W$ lauten somit:

1. Können Nicht-Modalmatrizen $\boldsymbol{V}_R$, $\boldsymbol{T}_R$ eingeführt werden, um die modifizierten Gleichungen für $L \geqq 1$ zu lösen?
2. Welche Abweichungen besitzen die Lösungen der modifizierten Gleichungen gegenüber den Lösungen der Gleichungen (19) bzw. (9)?

Die erste Frage ist leicht zu beantworten. Die einzige Voraussetzung für die Transformation in generalisierte Koordinaten ist die Regularität der Transformationsmatrizen $\boldsymbol{V} = (\boldsymbol{V}_W, \boldsymbol{V}_R)$ und $\boldsymbol{T} = (\boldsymbol{T}_W, \boldsymbol{T}_R)$. Sind also $\boldsymbol{V}_W$ und $\boldsymbol{T}_W$ Teilmodalmatrizen mit dem Rang $n - m$, so brauchen $\boldsymbol{V}_W$ und $\boldsymbol{T}_W$ nur über linear unabhängige Vektoren derart zu $\boldsymbol{V}$, $\boldsymbol{T}$ ergänzt zu werden, daß $\det \boldsymbol{V} \neq 0$, $\det \boldsymbol{T} \neq 0$ gilt. An den Ergebnissen $\boldsymbol{q}_W(t)$ ändert sich (im Gegensatz zu $\boldsymbol{q}_W^{(L)}(t)$ mit $L > 0$) damit nichts, denn innerhalb der Voraussetzungen sind die Transformationen beliebig.

Die Lösung der zweiten Aufgabenstellung enthält der nächste Abschnitt.

3. Fehlerbetrachtungen

Die Fehlerbetrachtungen werden einerseits für das dynamische Antwortproblem und andererseits für das Eigenschwingungsproblem durchgeführt. Die Überlegungen folgen den Ausführungen in [2]. Daran schließt sich dann die Diskussion der Fehlerermittlung für einzelne Subsystemtransformationsmöglichkeiten, abhängig von der Wahl der verschiedenen Subsystem-Modalgrößen, an.

3.1 Das dynamische Antwortproblem

Aufgrund der bisherigen Ausführungen kann angenommen werden, daß die Gleichungssysteme (19) und (20) bekannt sind und die Lösungen von (20) (in dem gewählten Raum) vorliegen. Die Fehlerdefinitionen lauten:

$$\begin{aligned} & \Delta \boldsymbol{H}_W^{(L)} := \boldsymbol{H}_W - \boldsymbol{H}_W^{(L)} , \\ & \Delta \boldsymbol{p}_W^{(L)}(t) := \boldsymbol{p}_W(t) - \boldsymbol{p}_W^{(L)}(t) ; \qquad \boldsymbol{p}_W(t), \boldsymbol{p}_W^{(L)}(t) \neq \boldsymbol{0} , \\ & \Delta \boldsymbol{q}_W^{(L)}(t) := \boldsymbol{q}_W(t) - \boldsymbol{q}_W^{(L)}(t) . \end{aligned} \tag{26}$$

$\Delta \boldsymbol{H}_W^{(L)}$ und $\Delta \boldsymbol{p}_W^{(L)}$ sind bekannt. Die Fehler (26) in die Gleichung (19) eingesetzt und die Gleichung (20) berücksichtigt, liefert

$$\boldsymbol{H}_W(D)\, \Delta \boldsymbol{q}_W^{(L)}(t) = [\boldsymbol{H}_W^{(L)}(D) + \Delta \boldsymbol{H}_W^{(L)}(D)]\, \Delta \boldsymbol{q}_W^{(L)}(t) = \Delta \boldsymbol{p}_W^{(L)}(t) - \Delta \boldsymbol{H}_W^{(L)}(D)\, \boldsymbol{q}_W^{(L)}(t) . \tag{27}$$

Die Gleichung (27) beinhaltet im Frequenzraum bzw. s-Raum ein inhomogenes lineares algebraisches Gleichungssystem zur Ermittlung von $\Delta \boldsymbol{q}_W^{(L)}$.

Die Systemmatrix ist für Argumente des Bildraumes, die den Eigenwerten des Systems nicht entsprechen, regulär. Mit dem Vektor $\Delta \boldsymbol{q}_W^{(L)}$ kann $\boldsymbol{q}_W(t)$ ermittelt werden. Der generalisierte Vektor $\boldsymbol{q}_R(t)$ der restlichen Koordinaten folgt aus Gleichung (16), der Vektor $\boldsymbol{u}(t)$ des Systems damit aus Gleichung (10a). Anstelle der Fehlerrechnung nach Gleichung (27) kann die Gleichung (19) auch direkt gelöst werden.

3.2 Das Eigenschwingungsproblem

Die Gleichungen (19), (20) für die Eigenschwingungen des Systems, $\boldsymbol{p}_W(t) = \boldsymbol{p}_W^{(L)}(t) = \boldsymbol{0}$, lauten mit dem Eigenwert λ bzw. der Näherung $\lambda^{(L)}$

$$\boldsymbol{H}_W(\lambda)\,\hat{\boldsymbol{q}}_W = \boldsymbol{0}\,, \tag{28}$$

$$\boldsymbol{H}_W^{(L)}(\lambda^{(L)})\,\hat{\boldsymbol{q}}_W^{(L)} = \boldsymbol{0}\,. \tag{29}$$

Die Fehlerdefinitionen je Freiheitsgrad

$$\begin{aligned}
&\Delta\lambda^{(L)} := \lambda - \lambda^{(L)}\,,\\
&\Delta\boldsymbol{H}_W^{(L)}(\lambda^{(L)}, \Delta\lambda^{(L)}) := \boldsymbol{H}_W(\lambda) - \boldsymbol{H}_W^{(L)}(\lambda^{(L)})\,,\\
&\Delta\hat{\boldsymbol{q}}_W^{(L)} := \hat{\boldsymbol{q}}_W - \hat{\boldsymbol{q}}_W^{(L)}
\end{aligned} \tag{30}$$

in die Gleichung (28) eingesetzt und die Gleichung (29) berücksichtigt,

$$[\boldsymbol{H}_W^{(L)}(\lambda^{(L)}) + \Delta\boldsymbol{H}_W^{(L)}(\lambda^{(L)}, \Delta\lambda^{(L)})]\,\Delta\hat{\boldsymbol{q}}_W^{(L)} + \Delta\boldsymbol{H}_W^{(L)}(\lambda^{(L)}, \Delta\lambda^{(L)})\,\hat{\boldsymbol{q}}_W^{(L)} = \boldsymbol{0}\,, \tag{31}$$

führt auf $n - m$ Gleichungen für die $n - m - 1$ gesuchten Komponenten des Vektors $\Delta\hat{\boldsymbol{q}}_W^{(L)}$ (eine Komponente ergibt sich aus der Normierung der Eigenvektoren) und für die Unbestimmte $\Delta\lambda^{(L)}$. Entwickeln von $\Delta\boldsymbol{H}_W^{(L)}(\lambda^{(L)}, \Delta\lambda^{(L)})$ nach $\Delta\lambda^{(L)}$ ergibt mit den Abkürzungen

$$\begin{aligned}
&\boldsymbol{H}_{1W}(\lambda^{(L)}) := \frac{\partial}{\partial\lambda}\boldsymbol{H}_W(\lambda)|_{\lambda=\lambda^{(L)}}\,,\\
&\boldsymbol{H}_{2W}(\lambda^{(L)}) := \frac{1}{2}\frac{\partial}{\partial\lambda}\boldsymbol{H}_{1W}(\lambda)|_{\lambda=\lambda^{(L)}} = \frac{1}{2}\frac{\partial^2}{\partial\lambda^2}\boldsymbol{H}_W(\lambda)|_{\lambda=\lambda^{(L)}}
\end{aligned} \tag{32}$$

die Gleichung

$$\Delta\boldsymbol{H}_W^{(L)}(\lambda^{(L)}, \Delta\lambda^{(L)}) = \boldsymbol{H}_W(\lambda^{(L)}) - \boldsymbol{H}_W^{(L)}(\lambda^{(L)}) + \boldsymbol{H}_{1W}(\lambda^{(L)})\,\Delta\lambda^{(L)} + \boldsymbol{H}_{2W}(\lambda^{(L)})\,(\Delta\lambda^{(L)})^2 + \dots \tag{33}$$

Die Entwicklung (33) nach dem quadratischen Glied in $\Delta\lambda^{(L)}$ abgebrochen, das Matrizeneigenwertproblem (29) beachtet und in die Gleichung (31) eingesetzt, liefert die Näherung

$$[(\Delta\lambda^{(L)})^2\,\boldsymbol{H}_{2W}(\lambda^{(L)}) + \Delta\lambda^{(L)}\,\boldsymbol{H}_{1W}(\lambda^{(L)}) + \boldsymbol{H}_W(\lambda^{(L)})]\,(\hat{\boldsymbol{q}}_W^{(L)} + \Delta\hat{\boldsymbol{q}}_W^{(L)}) \doteq \boldsymbol{0}\,. \tag{34}$$

Die Entwicklung (33) nach dem linearen Term in $\Delta\lambda^{(L)}$ abgebrochen und in die bezüglich der Fehlerterme linearisierte Gleichung (31) eingesetzt, führt auf das lineare Gleichungssystem

$$\Delta\lambda_{\rm lin}^{(L)}\,\boldsymbol{H}_{1W}(\lambda^{(L)})\,\hat{\boldsymbol{q}}_W^{(L)} + \boldsymbol{H}_W^{(L)}(\lambda^{(L)})\,\Delta\hat{\boldsymbol{q}}_{W\,\rm lin} + \boldsymbol{H}_W(\lambda^{(L)})\,\hat{\boldsymbol{q}}_W^{(L)} = \boldsymbol{0} \tag{35}$$

für die linearisierten Fehler, das iterativ gelöst werden könnte. Formal folgt mit den angenäherten Linkseigenvektoren $\hat{\boldsymbol{r}}_W^{(L)}$,

$$\hat{\boldsymbol{r}}_W^{(L)\,T}\boldsymbol{H}_W^{(L)}(\lambda^{(L)}) = \boldsymbol{0}\,, \tag{36}$$

nach Linksmultiplikation der Gleichung (35) mit $\hat{\boldsymbol{r}}_W^{(L)\,T}$ die skalare Gleichung zur Ermittlung des linearisierten Fehlers $\Delta\lambda_{\rm lin}^{(L)}$ je Freiheitsgrad aus bekannten Größen:

$$\Delta\lambda_{\rm lin}^{(L)} = -\frac{\hat{\boldsymbol{r}}_W^{(L)\,T}\boldsymbol{H}_W(\lambda^{(L)})\,\hat{\boldsymbol{q}}_W^{(L)}}{\hat{\boldsymbol{r}}_W^{(L)\,T}\boldsymbol{H}_{1W}(\lambda^{(L)})\,\hat{\boldsymbol{q}}_W^{(L)}}\,, \qquad \hat{\boldsymbol{r}}_W^{(L)T}\,\boldsymbol{H}_{1W}(\lambda^{(L)})\,\hat{\boldsymbol{q}}_W^{(L)}\,0\,. \tag{35a}$$

Den Wert aus (35a) in das Gleichungssystem (35) eingesetzt, liefert ein inhomogenes lineares Gleichungssystem der Ordnung $n - m - 1$ mit regulärer Systemmatrix zur Berechnung der $n - m - 1$ Komponenten von $\Delta\hat{\boldsymbol{q}}_{W\,\rm lin}^{(L)}$ je Freiheitsgrad. Damit gestaltet sich die linearisierte Fehlerrechnung einfach und wenig aufwendig, je Freiheitsgrad braucht nur eine skalare Gleichung berechnet und ein lineares inhomogenes Gleichungssystem der Ordnung $n - m - 1$ gelöst zu werden, ohne daß zusätzliche Modalgrößen der Subsysteme berechnet oder identifiziert werden müssen. Sind die linearisierten Fehler nicht zu ungenau, so wird man sie als Korrekturen verwenden: $\lambda \doteq \lambda^{(L)} + \Delta\lambda_{\rm lin}^{(L)}$, $\hat{\boldsymbol{q}}_W \doteq \hat{\boldsymbol{q}}_W^{(L)} + \Delta\hat{\boldsymbol{q}}_{W\,\rm lin}^{(L)}$; $\hat{\boldsymbol{q}}_R$ erhält man näherungsweise aus Gleichung (16) mit den korrigierten Eigenlösungen,

$$\hat{\boldsymbol{q}}_R = -[\boldsymbol{V}_R^T\boldsymbol{H}(\lambda)\boldsymbol{T}_R]^{-1}\,\boldsymbol{V}_R^T\boldsymbol{H}(\lambda)\,\boldsymbol{T}_W\hat{\boldsymbol{q}}_W\,, \tag{37}$$

und den Eigenvektor in physikalischen Koordinaten gemäß Gleichung (10a).

Das quadratische Glied in $\Delta\lambda^{(L)}$ in der Näherung (34) vernachlässigt, ergibt das lineare Matrizeneigenwertproblem

$$[\Delta\lambda_{q\,\rm lin}^{(L)}\,\boldsymbol{H}_{1W}(\lambda^{(L)}) + \boldsymbol{H}_W(\lambda^{(L)})]\,(\hat{\boldsymbol{q}}_W^{(L)} + \Delta\hat{\boldsymbol{q}}_{W\,q\,\rm lin}^{(L)}) = \boldsymbol{0} \tag{38}$$

mit den Fehlern in 1. Näherung $\Delta\lambda_{q\,\rm lin}^{(L)}$, $\Delta\hat{\boldsymbol{q}}_{W\,q\,\rm lin}^{(L)}$. Die Gleichung (38) enthält gegenüber der linearisierten Fehlergleichung (35) noch den Term $\Delta\boldsymbol{H}_W^{(L)}(\lambda^{(L)}, \Delta\lambda^{(L)})\,\Delta\hat{\boldsymbol{q}}_W^{(L)}$ mit $\Delta\boldsymbol{H}_W^{(L)}$ linearisiert bezüglich $\Delta\lambda_W^{(L)}$. Linksmultiplikation der Gleichung (38) mit $(\hat{\boldsymbol{r}}_W^{(L)} + \Delta\hat{\boldsymbol{r}}_{W\,q\,\rm lin}^{(L)})^T$ zeitigt die skalare Gleichung

$$\Delta\lambda_{q\,\rm lin}^{(L)} = -\frac{(\hat{\boldsymbol{r}}_W^{(L)} + \Delta\hat{\boldsymbol{r}}_{W\,q\,\rm lin}^{(L)})^T\,\boldsymbol{H}_W(\lambda^{(L)})\,(\hat{\boldsymbol{q}}_W^{(L)} + \Delta\hat{\boldsymbol{q}}_{W\,q\,\rm lin}^{(L)})}{(\hat{\boldsymbol{r}}_W^{(L)} + \Delta\hat{\boldsymbol{r}}_{W\,q\,\rm lin}^{(L)})^T\,\boldsymbol{H}_{1W}(\lambda^{(L)})\,(\boldsymbol{q}_W^{(L)} + \Delta\hat{\boldsymbol{q}}_{W\,q\,\rm lin}^{(L)})}\,, \tag{38a}$$

die sich von Gleichung (35a) dadurch unterscheidet, daß sie die in 1. Näherung korrigierten Eigenvektoren statt der nichtkorrigierten Eigenvektoren $\hat{\boldsymbol{r}}_W^{(L)}$, $\hat{\boldsymbol{q}}_W^{(L)}$ enthält. Der in (38) gegenüber (35) berücksichtigte Zusatzterm bewirkt also die oben beschriebene Verbesserung. Die Lösung des Matrizeneigenwertproblems (38) liefert problemlos (auch für eine singuläre Matrix $\boldsymbol{H}_{1W}(\lambda^{(L)})$) die Fehler in 1. Näherung.

Die Genauigkeit der linearisierten Fehler $\Delta\lambda_{\text{lin}}^{(L)}$, $\Delta\hat{\boldsymbol{q}}_{W\,\text{lin}}$ und der Fehler in 1. Näherung $\Delta\lambda_{q\,\text{lin}}^{(L)}$, $\Delta\hat{\boldsymbol{q}}_{W\,q\,\text{lin}}^{(L)}$ kann für $\Delta\lambda^{(L)} \doteq \Delta\lambda_{\text{lin}}^{(L)}$, $\Delta\hat{\boldsymbol{q}}_W^{(L)} \doteq \Delta\hat{\boldsymbol{q}}_{W\,\text{lin}}^{(L)}$ bzw. $\Delta\lambda^{(L)} \doteq \Delta\lambda_{q\,\text{lin}}^{(L)}$, $\Delta\hat{\boldsymbol{q}}_W^{(L)} = \Delta\hat{\boldsymbol{q}}_{W\,q\,\text{lin}}^{(L)}$ und entsprechend für die Fehler der Linkseigenvektoren anhand der aus (34) folgenden Bilinearform

$$(\hat{\boldsymbol{r}}_W^{(L)} + \Delta\hat{\boldsymbol{r}}_W^{(L)})^T \left[(\Delta\tilde{\lambda}^{(L)})^2\, \boldsymbol{H}_{2W}(\lambda^{(L)}) + \Delta\tilde{\lambda}^{(L)}\, \boldsymbol{H}_{1W}(\lambda^{(L)}) + \boldsymbol{H}^W(\lambda^{(L)})\right] (\hat{\boldsymbol{q}}_W^{(L)} + \Delta\hat{\boldsymbol{q}}_W^{(L)}) = 0 \tag{39a}$$

oder vereinfacht anhand

$$\hat{\boldsymbol{r}}_W^{(L)T}\left[(\Delta\tilde{\lambda}^{(L)})^2\, \boldsymbol{H}_{2W}(\lambda^{(L)}) + \Delta\tilde{\lambda}^{(L)}\, \boldsymbol{H}_{1W}(\lambda^{(L)}) + \boldsymbol{H}_W(\lambda^{(L)})\right] \hat{\boldsymbol{q}}_W^{(L)} = 0 \tag{39b}$$

überprüft werden. Liefern die quadratischen Gleichungen (39) in $\Delta\tilde{\lambda}^{(L)}$ Wurzeln $\Delta\tilde{\lambda}_K^{(L)}$, die innerhalb der geforderten Genauigkeit mit $\Delta\lambda_{\text{lin}}^{(L)}$ bzw. $\Delta\lambda_{q\,\text{lin}}^{(L)}$ übereinstimmen, dann sind die angenäherten Fehler aus den Gleichungen (35) bzw. (38) befriedigend genau und können als Korrekturwerte verwendet werden. Stimmt die Wurzel $\Delta\tilde{\lambda}_K^{(L)}$ nicht innerhalb der geforderten Genauigkeit mit $\Delta\lambda_{\text{lin}}^{(L)}$ bzw. $\Delta\lambda_{q\,\text{lin}}^{(L)}$ überein, dann können gemäß der Näherung (34) aus dem Matrizeneigenwertproblem

$$\left[(\Delta\lambda_{\text{quad}}^{(L)})^2 \boldsymbol{H}_{2W}(\lambda^{(L)}) + \Delta\lambda_{\text{quad}}^{(L)} \boldsymbol{H}_{1W}(\lambda^{(L)}) + \boldsymbol{H}_W(\lambda^{(L)})\right] (\hat{\boldsymbol{q}}_W^{(L)} + \Delta\hat{\boldsymbol{q}}_{W\,\text{quad}}^{(L)}) = \boldsymbol{0} \tag{40}$$

die Fehler in 2. Näherung berechnet werden. Von den Eigenlösungen ist die Eigenlösung mit dem betragsmäßig kleinsten Eigenwert $|\Delta\lambda_{\text{quad}}^{(L)}|$ für (28), (29) und dem betrachteten Freiheitsgrad relevant, sofern die Fehler in 2. Näherung die wahren Fehler approximieren. In dem Fall, in dem die Eigenlösungen von (40) konjugiert komplex auftreten, ergibt sich das Vorzeichen aus z. B. Energieausdrücken (den verallgemeinerten Orthogonalitätsbedingungen), aus dem Erfülltsein des kondensierten Eigenwertproblems (28) oder aus der dem Matrizeneigenwertproblem (40) zugeordneten Bilinearform, aufgelöst nach dem linearen Fehlerglied $\Delta\lambda_{\text{quad}}^{(L)}$. Damit sind λ, $\hat{\boldsymbol{q}}_W$ bis auf Fehlerglieder 3. und höherer Ordnung bekannt. Ihre Überprüfung empfiehlt sich anhand des kondensierten Problems (28) vorzunehmen, eventuell muß nachiteriert werden. $\hat{\boldsymbol{q}}_R$ folgt aus der Gleichung (37) und der Eigenvektor in physikalischen Koordinaten aus der Gleichung (10a) mit dem Fehlerausdruck

$$\Delta\hat{\boldsymbol{u}}^{(L)} := \hat{\boldsymbol{u}} - \hat{\boldsymbol{u}}^{(L)} = \boldsymbol{T}_W(\hat{\boldsymbol{q}}_W - \hat{\boldsymbol{q}}_W^{(L)}) + \boldsymbol{T}_R(\hat{\boldsymbol{q}}_R - \hat{\boldsymbol{q}}_R^{(L)}) = \boldsymbol{T}_W\, \Delta\hat{\boldsymbol{q}}_W^{(L)} + \boldsymbol{T}_R(\hat{\boldsymbol{q}}_R - \hat{\boldsymbol{q}}_R^{(L)})\,, \tag{41}$$

in dem die Gleichung (37) und die Gleichung

$$\hat{\boldsymbol{q}}_R^{(L)} = -[\boldsymbol{V}_R^T \boldsymbol{H}(\lambda^{(L)})\, \boldsymbol{T}_R]^{-1}\, \boldsymbol{V}_R^T \boldsymbol{H}(\lambda^{(L)})\, \boldsymbol{T}_W \hat{\boldsymbol{q}}_W^{(L)}$$

berücksichtigt werden müssen.

Der Aufwand für die Berechnung der Fehler in 2. Näherung ist nicht unerheblich. Innerhalb der Systemanalyse kann dieser Aufwand u. a. verglichen werden mit dem Aufwand, der erforderlich ist, um eine Wiederholungsrechnung mit einer größeren Anzahl $n - m$ von primären Freiheitsgraden durchzuführen, wobei ggf. zusätzliche Berechnungen von Subsystemeigenschwingungsgrößen anfallen. Bezüglich der Systemidentifikation ist es müßig, über den Aufwand der Fehlerrechnung nachzudenken, denn in den seltensten Fällen ist die Wiederaufnahme eines Versuches möglich (Verfügbarkeit des Objektes, Versuchsaufwand etc.). Mit der Lösung des Eigenwertproblems (40) wird wiederum die iterative Lösung des Eigenwertproblems (28) mit seiner eigenwertabhängigen Inversen mit ergänzten Teiltransformationsmatrizen $\boldsymbol{V}_R$, $\boldsymbol{T}_R$ umgangen.

3.3 Transformationsmöglichkeiten

Synthesemethoden sind z. B. von R. R. Craig Jr. und C.-J. Chang [3—5] zusammengestellt und diskutiert worden. Im Rahmen der Reduktion von Freiheitsgraden sind sie auch von H. Röhrle in [1] behandelt worden. Vom Verfasser existiert eine Zusammenstellung [6] einschließlich einer linearisierten Fehlerbetrachtung für die Transformation mit den Eigenschwingungsgrößen der in den Verbindungspunkten starr eingespannten Subsysteme (fixed-interface normal modes). Hinsichtlich der Vernachlässigung von (restlichen) Freiheitsgraden der Subsysteme existieren globale Frequenzkriterien (s. [3]) und Fehlerbetrachtungen wie z. B. in [7], jedoch sind sie in ihren Anwendungen beschränkt. So liefern die globalen Frequenzkriterien wohl Anhaltspunkte für die mitzunehmenden (primären) Freiheitsgrade, aber keine Fehlerangaben. Hinsichtlich der Transformationsmöglichkeiten werden im folgenden einige wichtige kurz diskutiert, es wird jedoch keine Vollständigkeit angestrebt. Der jeweils zugehörige Fehlerformalismus wird im einzelnen nicht mitgeteilt, es ist der der Abschnitte 3.1 und 3.2 mit einigen zusätzlichen Vereinfachungen aus den Eigenschaften der verwendeten Modalgrößen. An dieser Stelle sei noch erwähnt, daß die Ergänzung der Teiltransformationsmatrizen $\boldsymbol{V}_W$, $\boldsymbol{T}_W$ zu regulären Matrizen zwecks Vereinfachung so erfolgen kann, daß die ergänzten Vektoren bspw. bezüglich der Trägheitsmatrix der restlichen Freiheitsgrade orthogonalisiert werden. Wesentlich ist lediglich, daß die Transformationen regulär sind. Die Transformationen werden für das Subsystem (7) formuliert mit

$$\begin{pmatrix} \boldsymbol{u}_{SS}(t) \\ \boldsymbol{u}_V(t) \end{pmatrix} = \begin{pmatrix} \boldsymbol{T}_{SS}, & \boldsymbol{T}_{SV} \\ \boldsymbol{T}_{VS}, & \boldsymbol{T}_{VV}^S \end{pmatrix} \begin{pmatrix} \boldsymbol{q}_{SS}(t) \\ \boldsymbol{q}_V(t) \end{pmatrix}. \tag{42}$$

Ein oberer Index bei den betreffenden Größen kennzeichnet die einzelnen Transformationsmöglichkeiten.

3.3.1 Transformation $T1$

Die Teiltransformationsmatrix $\boldsymbol{T}^{(1)}_{SS}$ besteht aus der Modalmatrix des in den Verbindungspunkten starr eingespannten Subsystems: $\boldsymbol{u}_V = \boldsymbol{0}$; es folgt aus (7) das Eigenwertproblem $\boldsymbol{H}_{SS}(\lambda_{SS})\,\hat{\boldsymbol{u}}_{SS} = \boldsymbol{0}$ mit der Modalmatrix $\hat{\boldsymbol{U}}_{SS} = \boldsymbol{T}^{(1)}_{SS}$. Wird zusätzlich noch $\boldsymbol{T}^{(1)}_{SV} = \boldsymbol{0}$, $\boldsymbol{T}^{(1)}_{VS} = \boldsymbol{0}$ gewählt, so lautet diese Transformation

$$\boldsymbol{u}_s(t) = \begin{pmatrix} \hat{\boldsymbol{U}}_{SS}, & \boldsymbol{0} \\ \boldsymbol{0}, & \boldsymbol{T}^S_{VV} \end{pmatrix} \begin{pmatrix} \boldsymbol{q}^{(1)}_{SS}(t) \\ \boldsymbol{q}^{(1)}_V(t) \end{pmatrix} = \boldsymbol{T}^{(1)}_S \boldsymbol{q}^{(1)}_S \tag{43}$$

In der obigen Form werden die Modalgrößen des gedämpften Systems verwendet, deren Linkseigenvektoren in der Matrix $\hat{\boldsymbol{V}}_{SS}$ spaltenweise zusammengefaßt seien. Natürlich können auch die Modalgrößen des zugeordneten konservativen Systems zur Transformation herangezogen werden.

Beispiel:

$$\boldsymbol{H}_S(D)\,\boldsymbol{u}_S(t) := \boldsymbol{M}_S\ddot{\boldsymbol{u}}_S(t) + \boldsymbol{B}_S\dot{\boldsymbol{u}}_S(t) + \boldsymbol{K}_S\boldsymbol{u}_S(t) = \boldsymbol{p}_S(t)\,,$$

$$\boldsymbol{H}_S = \boldsymbol{H}_S^T\,,$$

mit dem zugeordneten konservativen Eigenschwingungsproblem

$$(-\omega_{0S}^2\boldsymbol{M}_{SS} + \boldsymbol{K}_{SS})\,\hat{\boldsymbol{u}}_{0S} = \boldsymbol{0}\,, \qquad \Rightarrow \hat{\boldsymbol{U}}_{0S}\,, \qquad \boldsymbol{\Lambda}_{0S} := \operatorname{diag}(\omega_{0S,i}^2)\,, \qquad i = 1(1)\,n_S - n_V\,,$$

$$\hat{\boldsymbol{V}}_{0S} = \hat{\boldsymbol{U}}_{0S}\,, \qquad \hat{\boldsymbol{U}}_{0S}^T\boldsymbol{M}_{SS}\hat{\boldsymbol{U}}_{0S} = \boldsymbol{I}\,, \qquad \hat{\boldsymbol{U}}_{0S}^T\boldsymbol{K}_{SS}\hat{\boldsymbol{U}}_{0S} = \boldsymbol{\Lambda}_{0S}\,,$$

$$\boldsymbol{M}_{qs} := \begin{pmatrix} \hat{\boldsymbol{U}}_{0S}^T, & \boldsymbol{0} \\ \boldsymbol{0}, & \boldsymbol{T}^{ST}_{VV} \end{pmatrix} \begin{pmatrix} \boldsymbol{M}_{SS}, & \boldsymbol{M}_{SV} \\ \boldsymbol{M}_{VS}, & \boldsymbol{M}^S_{VV} \end{pmatrix} \begin{pmatrix} \hat{\boldsymbol{U}}_{0S}, & \boldsymbol{0} \\ \boldsymbol{0}, & \boldsymbol{T}^S_{VV} \end{pmatrix} = \begin{pmatrix} \boldsymbol{I}, & \hat{\boldsymbol{U}}_{0S}^T\boldsymbol{M}_{SV}\boldsymbol{T}^S_{VV} \\ \boldsymbol{T}^{ST}_{VV}\boldsymbol{M}_{VS}\hat{\boldsymbol{U}}_{0S}, & \boldsymbol{T}^{ST}_{VV}\boldsymbol{M}^S_{VV}\boldsymbol{T}^S_{VV} \end{pmatrix}.$$

Die generalisierte Dämpfungsmatrix $\boldsymbol{B}_{qS}$ enthält keinerlei Vereinfachungen, die generalisierte Steifigkeitsmatrix besitzt als obere linke Teilmatrix die Diagonalmatrix $\boldsymbol{\Lambda}_{0S}$.

Die Matrix $\boldsymbol{T}^S_{VV}$ kann letztlich im Rahmen von $\det \boldsymbol{T}^{(1)}_S \neq 0$ beliebig gewählt werden, z. B. aus der Forderung $\boldsymbol{f}_{SV} = \boldsymbol{0}$, $\boldsymbol{u}_{SS} = \boldsymbol{0}$.

Die Transformationsmatrix $\boldsymbol{T}$ in (10) besitzt dann die einfache Gestalt

$$\boldsymbol{T}^{(1)} = \begin{pmatrix} \hat{\boldsymbol{U}}_{AA}, & \boldsymbol{0}, & \boldsymbol{0} \\ \boldsymbol{0}, & \hat{\boldsymbol{U}}_{BB}, & \boldsymbol{0} \\ \boldsymbol{0}, & \boldsymbol{0}, & \boldsymbol{T}_{VV} \end{pmatrix}, \qquad \boldsymbol{T}^S_{VV} =: \boldsymbol{T}_{VV}\,. \tag{44}$$

Die Matrix $\boldsymbol{V}^{(1)}$ hat die entsprechende Gestalt, nur daß sie die zugehörigen Linkseigenvektoren enthält. Die Transformation $T1$ ist in ihrem Aufbau zwar einfach, sie braucht aber dem dynamischen Verhalten des Systems nicht adäquat zu sein, wie das nachstehende Beispiel verdeutlicht.

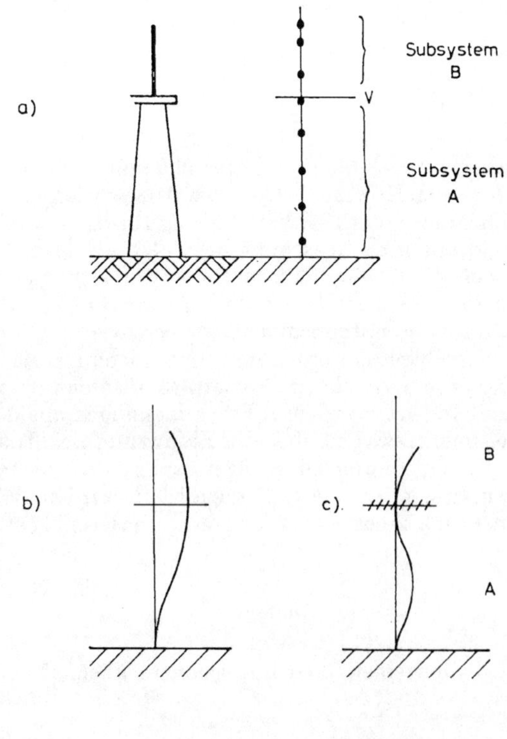

Bild 2. Beispiel eines in 2 Subsysteme aufgeteilten Fernsehturmes

Beispiel: Ein Fernsehturm sei in die beiden Subsysteme Schaft (A) und Antenne (B) aufgeteilt (Bild 2a). Die Grundeigenschwingung des zugeordneten ungedämpften Systems habe die in Bild 2b) dargestellte Form. Die in dem Verbindungspunkt starr eingespannten Subsysteme besitzen dann Grundschwingungen wie im Bild 2c) angedeutet. Die Kopplung der Ansatzvektoren $\hat{\boldsymbol{u}}_{0A}$, $\hat{\boldsymbol{u}}_{0B}$ erfolgt lediglich über die Systemkopplungsmatrizen, d. h. es sind bei den gewählten Randbedingungen bei $T1$ relativ viele Ansatzformen notwendig, um die Eigenschwingungsformen des Systems angenähert wiederzugeben.

Die versuchsmäßige Ermittlung der Eigenschwingungsgrößen der in den Verbindungspunkten starr eingespannten Subsysteme kann auf Schwierigkeiten stoßen, da starre Einspannungen u. U. schwierig zu verwirklichen sind. Das Rechenbeispiel des Abschnittes 4. zeigt die Folgen deutlich für die Grundeigenfrequenz des Systems aus der Modalsynthese.

Für passive Systeme ($\boldsymbol{H} = \boldsymbol{H}^T$) ist der Syntheseformalismus mit der linearisierten Fehlerermittlung in [6] enthalten.

3.3.2 Transformation $T2$

Um den oben erwähnten Nachteil der dem System nichtadäquaten Ansatzvektoren für die Entwicklung nach denselben zu mindern (Konvergenzverbesserung), wird im Gegensatz zu $T1$ hier die Teiltransformationsmatrix $\boldsymbol{T}_{SV}^{(2)} \neq \boldsymbol{0}$ gesetzt:

$$\begin{pmatrix} \hat{\boldsymbol{V}}_{SS}^T, & \boldsymbol{0} \\ \boldsymbol{V}_{SV}^{(2)}, & \boldsymbol{V}_{VV}^{ST} \end{pmatrix} \begin{pmatrix} \boldsymbol{H}_{SS}, & \boldsymbol{H}_{SV} \\ \boldsymbol{H}_{VS}, & \boldsymbol{H}_{VV}^S \end{pmatrix} \begin{pmatrix} \hat{\boldsymbol{U}}_{SS}, & \boldsymbol{T}_{SV}^{(2)} \\ \boldsymbol{0}, & \boldsymbol{T}_{VV} \end{pmatrix}$$
$$= \begin{pmatrix} \hat{\boldsymbol{V}}_{SS}^T \boldsymbol{H}_{SS} \hat{\boldsymbol{U}}_{SS}, & \hat{\boldsymbol{V}}_{SS}^T (\boldsymbol{H}_{SS} \boldsymbol{T}_{SV}^{(2)} + \boldsymbol{H}_{SV} \boldsymbol{T}_{VV}) \\ (\boldsymbol{V}_{SV}^{(2)T} \boldsymbol{H}_{SS} + \boldsymbol{V}_{VV}^{ST} \boldsymbol{H}_{VS}) \hat{\boldsymbol{U}}_{SS}, & (\boldsymbol{V}_{SV}^{(2)T} \boldsymbol{H}_{SS} + \boldsymbol{V}_{VV}^{ST} \boldsymbol{H}_{VS}) \boldsymbol{T}_{SV}^{(2)} + (\boldsymbol{V}_{SV}^{(2)T} \boldsymbol{H}_{SV} + \boldsymbol{V}_{VV}^{ST} \boldsymbol{H}_{VV}^S) \boldsymbol{T}_{VV} \end{pmatrix}.$$

Im Schrifttum wird nun $\boldsymbol{T}_{SV}^{(2)}$ für ungedämpfte Systeme aus der Forderung bestimmt, daß die obere rechte Teilmatrix der generalisierten Steifigkeitsmatrix Null wird:

$$\hat{\boldsymbol{V}}_{SS}^T (\boldsymbol{K}_{SS} \boldsymbol{T}_{SV}^{(2)} + \boldsymbol{K}_{SV} \boldsymbol{T}_{VV}) = \boldsymbol{0}, \qquad \boldsymbol{T}_{SV}^{(2)} = -\boldsymbol{K}_{SS}^{-1} \boldsymbol{K}_{SV} \boldsymbol{T}_{VV}. \tag{45a}$$

Mit

$$\boldsymbol{V}_{SV}^{(2)T} = -\boldsymbol{V}_{VV}^T \boldsymbol{K}_{VS} \boldsymbol{K}_{SS}^{-1} \tag{45b}$$

sind die beiden Nebendiagonalmatrizen der generalisierten Steifigkeitsmatrix Null. Für das ungedämpfte passive System gilt $\boldsymbol{T}_{SV}^{(2)} = \boldsymbol{V}_{SV}^{(2)}$. In diesem Fall sind die Spaltenvektoren von $\boldsymbol{T}_{SV}^{(2)}$ die statischen Zwängungsformen (constraint modes) des Subsystems, die sich schlecht experimentell bestimmen lassen (Aufbringung einer Einheitsverschiebung in einer Verbindungsverschiebungskoordinate und Messung der Reaktionskräfte für übrige Verschiebungen gleich Null).

Der Gedanke, die Matrizen $\boldsymbol{T}_{SV}^{(2)}$, $\boldsymbol{V}_{SV}^{(2)}$ als dynamische Zwängungsform-Matrizen zu bestimmen, ist verlockend, denn diese Transformation $T2'$ vermag das System bezüglich der Vektoren der Subsystemverschiebungskoordinaten vollständig zu entkoppeln. Die Untersuchungen ergeben, daß die verbleibenden Systemgleichungen in den generalisierten Verbindungskoordinaten der Mitnahme der D-abhängigen inversen Teilsystem-Operatoren bedürfen, um mehr als die Freiheitsgrade der Verbindungspunkte zu berechnen. Damit ist zumindest für passive ungedämpfte Systeme keine Aufwandsverringerung gegenüber deren Aufwand nach $T2$ erzielbar [8].

3.3.3 Transformation $T3$

Die Spaltenvektoren von $\boldsymbol{T}_S^{(3)}$ (Gl. (43)) sind die Eigenschwingungsformen des in den Verbindungsstellen freien Subsystems: $\boldsymbol{f}_{SV} = \boldsymbol{0}$,

$$\boldsymbol{H}_S(\lambda_{Sf}) \, \hat{\boldsymbol{u}}_{Sf} = \boldsymbol{0},$$

wobei $\boldsymbol{H}_S$ durchaus wieder ersetzt werden kann durch den dynamischen Operator des zugeordneten konservativen Systems etc. Die zugehörige Modalmatrix enthält für die singuläre Steifigkeitsmatrix $\boldsymbol{K}_S$ des (frei-frei-) Subsystems im passiven ungedämpften Fall Starrkörperformen, sie ist jedoch regulär [9]. Ähnlich wie bei der Transformation $T2$ können zur Konvergenzverbesserung statische Einspannformen (attachment modes) eingeführt werden, bei denen jedoch Fallunterscheidungen bezüglich der Regularität der Steifigkeitsmatrix $\boldsymbol{K}_S$ getroffen werden müssen (vgl. [10], [11]). Die Einspannformen ergeben sich aus der Belastung mit einer Einheitskraft in einer Verschiebungskoordinate der Verbindungspunkte und den Kräften Null in den übrigen Verschiebungskoordinaten.

3.3.4 Transformation $T4$

Die Spaltenvektoren der Transformationsmatrix $\boldsymbol{T}_S^{(4)}$ sind die Eigenvektoren des in den Verbindungspunkten steifigkeits- und/oder trägheitsmäßig abgewandelten freien Subsystems (loaded-interface normal modes):

$$\left[\boldsymbol{H}_S(\lambda_{S1}) - \lambda_{S1}^2 \begin{pmatrix} \boldsymbol{0}, & \boldsymbol{0} \\ \boldsymbol{0}, & \Delta \boldsymbol{M}_{VV}^S \end{pmatrix} + \begin{pmatrix} \boldsymbol{0}, & \boldsymbol{0} \\ \boldsymbol{0}, & \Delta \boldsymbol{K}_{VV}^S \end{pmatrix}\right] \hat{\boldsymbol{u}}_{S1} = \boldsymbol{0}.$$

Die zugehörigen Kräfte können z. B. elektrisch simuliert werden. Diese Transformation ermöglicht die beanspruchungsgerechte Ermittlung von Eigenschwingungsformen mit den Vorteilen, daß numerische Schwierigkeiten vermieden werden (freie steife mit wenig Masse belegte Verbindungselemente werden z. B. nicht mehr mit Verschiebungen nahe Null eingeführt) und die Konvergenz verbessert wird.

3.3.5 Transformation $T5$

Sie stellt eine Verallgemeinerung von $T4$ dar, indem Zusatzterme in den Verbindungspunkten auch die Kopplungsmatrizen erfassen:

$$\left[\boldsymbol{H}_S(\lambda_{Sz}) + \begin{pmatrix} \boldsymbol{0}, & \Delta \boldsymbol{H}_{SV} \\ \Delta \boldsymbol{H}_{VS}, & \Delta \boldsymbol{H}_{VV}^S \end{pmatrix}\right] \hat{\boldsymbol{u}}_{Sz} = \boldsymbol{0}.$$

4. Beispiele

Um die Praktikabilität und die Schranken der ersatzweisen Konvergenzbetrachtung der angenäherten Modalsynthese durch Fehlerermittlung aufzuzeigen, wird als einfaches Beispiel ein 9-Punkte-Kettenschwinger mit der un-

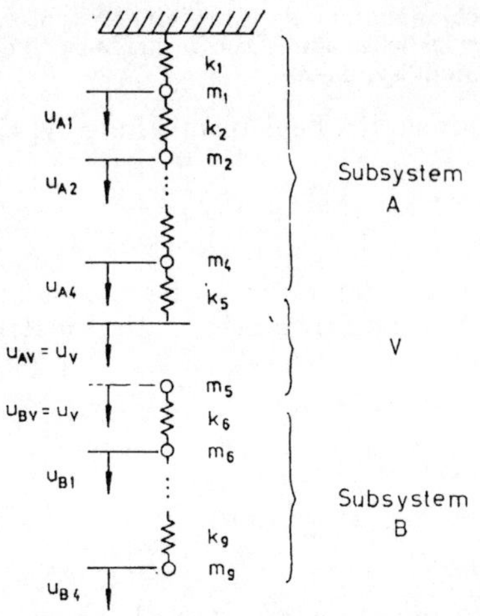

Bild 3. 9-Punkte-Kettenschwinger

günstigen Transformation $T1$ (s. Fernsehturm-Beispiel im Abschnitt 3.3.1) gewählt, sie liefert für die angenäherte Modalsynthese nämlich große Fehler. Der 9-Punkte-Kettenschwinger (Bild 3) besitze die Massen 1 und die Federsteifigkeiten 10^3. Die Systemteilmatrizen lauten:

$$\boldsymbol{M}_{AA} = \boldsymbol{I}\,, \quad (4{,}4)\text{-Matrix}\,, \quad \boldsymbol{K}_{AA} = 10^3 \begin{pmatrix} 2 & -1 & 0 & 0 \\ -1 & 2 & -1 & 0 \\ 0 & -1 & 2 & -1 \\ 0 & 0 & -1 & 2 \end{pmatrix},$$

$$\boldsymbol{M}_{AV} = \boldsymbol{M}_{VA}^T = \boldsymbol{0}\,, \quad (4{,}1)\text{-Matrix}\,, \quad \boldsymbol{K}_{VA} = \boldsymbol{K}_{AV}^T = 10^3\,(0, 0, 0, -1)$$

$$\boldsymbol{M}_{VV}^A = 0\,, \quad \boldsymbol{K}_{VV}^A = 10^3\,, \quad \boldsymbol{M}_{VV}^B = 1\,, \quad \boldsymbol{K}_{VV}^B = 10^3$$

$$\boldsymbol{M}_{BV} = \boldsymbol{M}_{VB}^T = \boldsymbol{0}\,, \quad (4{,}1)\text{-Matrix}\,, \quad \boldsymbol{K}_{VB} = \boldsymbol{K}_{BV}^T = 10^3\,(-1, 0, 0, 0)\,,$$

$$\boldsymbol{M}_{BB} = \boldsymbol{I}\,, \quad (4{,}4)\text{-Matrix}\,, \quad \boldsymbol{K}_{BB} = 10^3 \begin{pmatrix} 2 & -1 & 0 & 0 \\ -1 & 2 & -1 & 0 \\ 0 & -1 & 2 & -1 \\ 0 & 0 & -1 & 1 \end{pmatrix}.$$

Die Tafel 1 enthält die Eigenfrequenzen f_{0A}, f_{0B} der in dem Verbindungspunkt V starr eingespannten Subsysteme und die Eigenfrequenzen f_0 des Systems. Es wird lediglich das von der Fehlerrechnung her interessierende Eigenschwingungsverhalten untersucht.

Tafel 1. Eigenfrequenzen der ungedämpften Systeme

f_0 [Hz]	0,83	2,47	4,04	5,51	6,82	7,94	8,85	9,52	9,93
f_{0A} [Hz]		3,11		5,92		8,14		9,57	
f_{0B} [Hz]	1,75		5,03		7,71		9,46		

Die Eigenfrequenzen der Tafel 1 deuten den physikalischen und mathematischen Sachverhalt an: Schwierigkeiten sind u. a. bei der Approximation der Grundeigenfrequenz des Systems zu erwarten.

Allgemein kann gesagt werden: Abhängig von der gewählten Transformationsart (T), den vernachlässigten Koordinaten ($\boldsymbol{q}_R$) und der Wahl des Näherungsverfahrens (L), stellt sich die Güte der Modalsyntheseergebnisse ein. Werden Freiheitsgrade der Subsysteme im oberen Frequenzbereich unterdrückt, so werden die Modalsyntheseergebnisse in diesem angrenzenden Frequenzbereich im allgemeinen relativ ungenau sein (demzufolge auch die Fehlerwerte), so daß man zweckmäßig die Anzahl $n - m$ der mitgenommenen Freiheitsgrade größer als die Anzahl der zu berechnenden Freiheitsgrade für das angenäherte Gesamtsystem wählt.

Im folgenden werden Fehler für die angenäherten Modalsynthese-Ergebnisse des Kettenschwingers nach Bild 3 und des entsprechenden strukturell gedämpften Kettenschwingers mitgeteilt. Die Ergebnisse der Rechnungen für den zugehörigen viskos gedämpften Kettenschwinger zeigen kein abweichendes Verhalten von denen des strukturell gedämpften Schwingers, so daß sich ihre Wiedergabe hier erübrigt.

4.1 Der ungedämpfte Kettenschwinger

Die relativen, prozentualen Fehler der Ergebnisse der angenäherten Modalsynthese $L = 0{,}1$ mit 3 primären Freiheitsgraden des Subsystems A ($m_A = 1$), 2 primären Freiheitsgraden des Subsystems B ($m_B = 2$) und dem Freiheitsgrad des Verbindungspunktes ($m_V = 0$; $m = m_A + m_B + m_V = 3$, $n - m = 6$) sind für die ersten 4 Freiheitsgrade des Gesamtsystems in den Tafeln 2 und 3 wiedergegeben. Die exakten relativen Fehler des i-ten Freiheitsgrades sind $\Delta f_{0i}^{(L)}/f_{0i}$ für die Eigenfrequenz und $\Delta \hat{u}_{0i,k}^{(L)}/\hat{u}_{0i,L}$, $k = 1(1)\,9$ für die Eigenvektorkomponenten in physikalischen Koordinaten. Die zugehörigen Werte aus der linearisierten Fehlerrechnung nach Gleichung (35) sind mit der unteren Bezeichnung „lin" gekennzeichnet.

Tafel 2. Exakte und linearisierte Fehler der angenäherten Modalsyntheseergebnisse $L = 0$ nach T1 des ungedämpften 9-Punkte-Kettenschwingers mit $m_A = 1$, $m_B = 2$, $m_V = 0$

Freiheitsgrad i	1		2		3		4	
$\frac{\Delta f_{0i}^{(0)}}{f_{0i}}\,\%$, $\frac{\Delta f_{0i\,\mathrm{lin}}^{(0)}}{f_{0i}}\,\%$	−38,7	−29,7	− 4,6	− 4,2	− 4,1	− 3,9	− 1,0	− 1,0
$\frac{\Delta \hat{u}_{0i,k}^{(0)}}{\hat{u}_{0i,k}}\,\%$, $\frac{\Delta \hat{u}_{0i,k\,\mathrm{lin}}^{(0)}}{\hat{u}_{0i,k}}\,\%$								
$k = 1$	− 1,7	− 1,6	−20,6	−18,9	13,5	14,1	− 8,6	− 7,3
2	24,3	24,8	− 9,6	− 8,0	5,6	6,0	−14,0	−12,3
3	7,4	6,5	−15,1	−13,3	34,1	32,0	−36,8	−35,5
4	21,3	19,8	− 3,3	− 1,5	−40,6	−25,9	− 8,5	− 7,0
5	22,7	22,9	68,7	77,0	14,0	15,5	−17,4	−17,2
6	−13,2	−12,3	59,4	53,2	−61,5	−58,7	23,6	23,8
7	−15,7	−13,8	28,2	25,7	42,6	43,6	66,4	67,0
8	− 7,5	− 4,9	11,2	9,7	−22,2	−20,1	24,0	23,9
9	21,1	18,1	6,5	8,4	2,2	5,4	2,8	4,9

Tafel 3. Exakte und linearisierte Fehler der angenäherten Modalsyntheseergebnisse $L = 1$ nach T1 des ungedämpften 9-Punkte-Kettenschwingers mit $m_A = 1$, $m_B = 2$, $m_V = 0$

Freiheitsgrad i	1		2		3		4	
$\frac{\Delta f_{0i}^{(1)}}{f_{0i}}\,\%$, $\frac{\Delta f_{0i\,\mathrm{lin}}^{(1)}}{f_{0i}}\,\%$	− 0,6	− 0,6	− 0,5	− 0,5	− 1,0	− 1,0	− 0,5	− 0,5
$\frac{\Delta \hat{u}_{0i,k}^{(1)}}{\hat{u}_{0i,k}}\,\%$, $\frac{\Delta \hat{u}_{0i,k\,\mathrm{lin}}^{(1)}}{\hat{u}_{0i,k}}\,\%$								
$k = 1$	−17,8	−17,0	− 7,3	− 6,8	6,3	7,6	− 3,1	− 2,2
2	13,7	14,2	2,9	3,4	− 4,5	− 3,1	−10,6	− 9,5
3	−10,1	− 9,4	− 5,8	− 5,2	15,7	16,7	−25,1	−24,1
4	4,2	4,8	1,5	2,0	4,2	6,1	− 3,3	− 2,3
5	20,5	21,0	93,8	93,9	23,1	24,1	−27,5	−26,5
6	−12,3	−11,7	32,5	32,8	−41,5	−39,7	17,1	17,8
7	− 7,8	− 7,1	10,3	10,7	36,3	37,2	65,1	65,5
8	6,2	6,7	− 5,4	− 4,8	−16,0	−14,4	16,9	17,6
9	− 0,4	0,3	− 0,1	0,4	− 1,1	0,5	0,3	1,5

Den Tafeln entnimmt man, daß die linearisierte Fehlerrechnung selbst für große Fehler Werte liefert, die in ihrer Größenordnung und Richtung gleich den exakten Fehlern sind, so daß diese Werte Korrekturwerte darstellen. Die Abweichungen zwischen den kleinen Werten der letzten Zeile in Tafel 3 sind unerheblich, denn hier ist eine Korrektur überflüssig.

Auffallend, aber verständlich nach dem vorher Gesagten ist der große Fehler für die Grundeigenfrequenz der angenäherten Modalsynthese.

Es sei noch auf die (selbstverständlich) kleineren Fehler der Eigenfrequenzen aus der Näherungsrechnung $L = 1$ gegenüber denen aus $L = 0$ hingewiesen.

4.2 Der strukturell gedämpfte Kettenschwinger

Parallel zu den Federn sind Dämpfungselemente angenommen, die mit den Werten

$$d_1 = d_3 = d_5 = d_7 = d_9 = 30\,, \qquad d_2 = d_4 = d_6 = d_8 = 20$$

auf eine nichtmodale Dämpfungsmatrix entsprechend dem Aufbau der Steifigkeitsmatrix führen. Als Ansatzvektoren in den Transformationsmatrizen werden die Eigenschwingungsformen der in den Verbindungspunkten starr eingespannten gedämpften Subsysteme verwendet. Die Rechnungen wurden wieder für $L = 0{,}1$ und für $m_A = 1$, $m_B = 1, 2$, $m_V = 0$ durchgeführt.

In den Tafeln 4 und 5 sind die exakten, linearisierten (lin) Fehler und die Fehler in 2. Näherung (quad) für die Eigenschwingungsfrequenzen $f_{Di}^{(L)} = |\sqrt{\lambda_{Di}^{\mathrm{re}\,(L)}}|/2\pi$ und die effektiven Dämpfungen $\gamma_i^{(L)} := -\lambda_{Di}^{\mathrm{im}\,(L)}/\lambda_{Di}^{\mathrm{re}\,(L)}$ bezogen auf die entsprechenden exakten Werte f_{Di}, γ_i in Prozent für $L = 0$ angegeben. Die Fehlerangaben für $L = 1$ und jeweils für die Eigenvektorkomponenten liefern keine zusätzlichen Informationen. Die Werte der linearisierten Fehlerrechnung für jeweils einen unterdrückten Freiheitsgrad der beiden Subsysteme zeigen auch hier Werte (Tafel 4), die in Richtung und Größenordnung mit den exakten Fehlern übereinstimmen, die Fehler in 2. Näherung stimmen, ausgenommen für den 7. Freiheitsgrad, mit den exakten Fehlern überein. Werden dagegen von dem Subsystem B zwei Freiheitsgrade mit den größten Schwingeigenfrequenzen in der angenäherten Modalsynthese vernachlässigt (Tafel 5), so trifft die obige Aussage auch für die Fehler der ersten 4 Freiheitsgrade zu. Die relativen Fehler der effektiven

Tafel 4. Exakte und angenäherte Fehler der angenäherten Modalsyntheseergebnisse $L = 0$ nach $T1$ des strukturell gedämpften 9-Punkte-Kettenschwingers mit $m_A = 1$, $m_B = 1$, $m_V = 0$

Freiheitsgrad i	1	2	3	4	5	6	7
$\frac{\Delta f_{Di}^{(0)}}{f_{Di}}$ %	−16,27	−1,56	−1,25	−0,27	−0,91	−0,13	−3,80
$\frac{\Delta f_{Di\,lin}^{(0)}}{f_{Di}}$ %	−14,91	−1,53	−1,25	−0,27	−0,90	−0,13	−2,56
$\frac{\Delta f_{Di\,quad}^{(0)}}{f_{Di}}$ %	−16,27	−1,56	−1,25	−0,27	−0,91	−0,13	−1,80
$\frac{\Delta \gamma_i^{(0)}}{\gamma_i}$ %	− 1,26	0,66	−0,50	0,73	0,03	−0,83	0,26
$\frac{\Delta \gamma_{i\,lin}^{(0)}}{\gamma_i}$ %	− 1,28	0,66	−0,51	0,73	0,05	−0,80	0,61
$\frac{\Delta \gamma_{i\,quad}^{(0)}}{\gamma_i}$ %	− 1,26	0,66	−0,50	0,73	0,03	−0,83	0,55

Tafel 5. Exakte undangenäherte Fehler der angenäherten Modalsyntheseergebnisse $L = 0$ nach $T1$ des strukturell gedämpften 9-Punkte-Kettenschwingers mit $m_A = 1$, $m_B = 2$, $m_V = 0$

Freiheitsgrad i	1	2	3	4	5	6
$\frac{\Delta f_{Di}^{(0)}}{f_{Di}}$ %	−38,71	−4,61	−4,08	−1,00	− 7,83	−12,15
$\frac{\Delta f_{Di\,lin}^{(0)}}{f_{Di}}$ %	−29,01	−4,24	−3,89	−0,96	− 4,42	− 0,70
$\frac{\Delta f_{Di\,quad}^{(0)}}{f_{Di}}$ %	−38,70	−4,61	−4,07	−1,00	− 3,14	− 0,67
$\frac{\Delta \gamma_i^{(0)}}{\gamma_i}$ %	−26,11	−3,18	−6,75	1,30	−22,06	4,85
$\frac{\Delta \gamma_{i\,lin}^{(0)}}{\gamma_i}$ %	− 8,48	−2,26	−6,06	1,36	6,41	2,53
$\frac{\Delta \gamma_{i\,quad}^{(0)}}{\gamma_i}$ %	−26,07	−3,18	−6,70	1,30	8,55	2,32

Dämpfungen des 5. und 6. Freiheitsgrades werden weder von den linearisierten Fehlerrechnungen noch von den Fehlern in 2. Näherung richtig wiedergegeben (entsprechend der Ungenauigkeit der angenäherten Modalsyntheseergebnisse für die Freiheitsgrade mit den höchsten Eigenschwingfrequenzen, s. v.).

5. Zusammenfassung und Schlußfolgerungen

Die Modalsynthese stellt ein wichtiges Verfahren zur Untersuchung des dynamischen Verhaltens großer und komplizierter elastomechanischer Systeme innerhalb der Systemanalyse und Systemidentifikation dar. In praxi stehen im allgemeinen nicht alle Eigenschwingungsgrößen der Subsysteme zur Verfügung, so daß Näherungsrechnungen durchgeführt werden müssen, deren Konvergenz bei nichtvorliegenden übertragbaren Erfahrungen nicht gesichert ist. Existierende Frequenzkriterien etc. liefern keine Fehlerangaben oder Korrekturwerte für die angenäherten Ergebnisse der Modalsynthese. Die Näherungsrechnungen werden in den primären Koordinaten unter Vernachlässigung der restlichen Koordinaten der Subsysteme oder in anderen Vereinfachungen des dynamisch kondensierten Problems durchgeführt. Die hierbei auftretenden Teiltransformationsmatrizen der restlichen Freiheitsgrade können innerhalb der Voraussetzung einer regulären Transformation in generalisierte Koordinaten beliebig gewählt werden.

Der Fehler der angenäherten Modalsynthese-Ergebnisse ergibt sich aus einer linearisierten Fehlerrechnung, einer Fehlerbetrachtung in 1. oder 2. Näherung. Sie bedürfen keiner zusätzlichen Berechnung oder Identifikation von Subsystem-Modalgrößen. Die linearisierte Fehlerrechnung beinhaltet die Berechnung eines Skalarausdruckes und das Lösen eines linearen inhomogenen algebraischen Gleichungssystems reduzierter Ordnung je Freiheitsgrad. Die Fehler in 1. und 2. Näherung bedürfen der Lösung von Matrizeneigenwertproblemen. Die durchgerechneten Beispiele zeigen, daß die linearisierte Fehlerrechnung mit den Eigenschwingungsformen beanspruchungsgerecht gewählter Systemrandbedingungen und/oder nicht zu stark vereinfachten Problemmodifikationen ($L > 0$) noch Korrekturen für die Näherungslösungen liefert. Die Überprüfung der linearisierten Fehlerwerte kann über die dem quadratischen Matrizeneigenwertproblem der Fehlerrechnung in 2. Näherung zugehörige Bilinearform erfolgen.

Wurde in Fehleinschätzung der Beanspruchung eine extrem ungünstige Transformation in generalisierte Koordinaten gewählt, dann kann eine aufwendigere Fehlerrechnung in 2. Näherung durchgeführt werden.

Die behandelten diskreten schwingungsfähigen Systeme können Dämpfungskräfte, gyroskopische und nichtkonservative Lagekräfte enthalten. Jede reguläre Transformation ist zugelassen, sie darf die Eigenvektoren der gedämpften oder zugeordnet ungedämpften Subsysteme enthalten. Die Voraussetzung einer starren Verbindung zwischen den Subsystemen kann nach [12] durch die Mitnahme und das Einarbeiten der Energieanteile der Zwischenglieder fallengelassen werden. Damit ist die Konvergenzbetrachtung der Modalsynthese, d. h. die Wahl eines nahezu vollständigen Ansatzvektorsystems ersetzt durch eine für den Praktiker wertvolle Fehlerbetrachtung.

Literatur

1 RÖHRLE, H., Reduktion von Freiheitsgraden bei Strukturdynamik-Aufgaben, Habilitationsschrift Universität Hannover, 1979.
2 NATKE, H. G., Zur Matrixreduktion beim Flatterproblem, Ingenieur-Archiv **44** (1975), 317–326.
3 CRAIG, JR. R. R., CHANG, C.-J., A Review of Substructure Coupling Methods for Dynamic Analysis, NASA CP-2001, 2 (1976), 393–408.
4 CRAIG JR., R. R., CHANG, C.-J., Substructure Coupling for Dynamic Analysis and Testing, NASA CR-2781, Washington, D.C., 1977.
5 CRAIG JR., R. R., Methods of Component Mode Synthesis, The Shock and Vibration Digest **9**, 11 (1977), 3–10.
6 NATKE, H. G., Substrukturmethoden bei dynamischen Untersuchungen, CRI-K1/78, Mitteilung des CURT-RISCH-Institutes der Technischen Universität Hannover, 1978, 17–46.
7 HURTY, W. C., Introduction to Modal Synthesis Techniques, ASME Winter Meeting, Nov. 1971.
8 NATKE, H. G., HOCHWELLER, W., SCHULZE, H., LAGIES, K., Fehlerbetrachtung für die Modalsynthese schwingungsfähiger Systeme, CRI-B-5/80, Bericht des CURT-RISCH-Institutes der Universität Hannover, 1980.
9 PRZEMIENIECKI, J. S., Theory of Matrix Structural Analysis, Mc Graw-Hill, 1968.
10 HINTZ, R. M., Analytical Methods in Component Mode Synthesis, AIAA Journal, **13**, 8 (1975), 1007–1016.
11 RUBIN, S., An Improved Component-Mode Representation, AIAA Paper 74–386, April 1974.
12 BREITBACH, E., Bestimmung der Kopplungsglieder und der Bewegungsgleichungen einer aus mehreren elastomechanischen Teilsystemen zusammengesetzten Flugkonstruktion, Zeitschrift für Flugwiss., **18**, (1970), Heft 9/10.

Eingereicht am 9. Juli 1980

Anschrift: Prof. Dr. H. G. NATKE, Universität Hannover, CURT-RISCH-Institut, Callinstraße 32, Hannover, BRD

ZAMM 61, 55 – 58 (1981)

P. VIELSACK

Einseitiges Knicken eines schweren Stabes

Herrn Prof. Dr. F. WEIDENHAMMER zum 60. Geburtstag gewidmet.

Ein schwerer gedrückter Stab auf starrer Unterlage kann neben der trivialen, geraden Lage auch nach oben gebogene Formen besitzen. Gefragt ist nach der kleinsten Druckkraft für einen nichttrivialen Gleichgewichtszustand. Eine erste Näherung wird mit der Methode der singulären Störungsrechnung hergeleitet.

A heavy compressed rod on a rigid support can have not only the trivial, straight configuration but also unilateral buckling modes. A first approximation of the lowest compressing force for the nontrivial equilibrium state is derived by singular perturbation methods.

Тяжёлый сжатый стержень на жёстком основании наряду с тривиальным прямым положением может обладать также изогнутыми кверху формами. Отыскивается наименьшая сила давления для нетривиального состояния равновесия. Первое приближение получается методом сингулярных помех.

1. Einleitung

Betrachtet wird ein elastischer Stab mit konstanter Biegesteifigkeit EI_ξ, der Länge $2l$ und konstant verteiltem Gewicht q. Er ist an beiden Enden eingespannt und liegt im trivialen Gleichgewichtszustand auf einer starren horizontalen Unterlage. Am rechten, längs der Unterlage frei verschiebbaren Lager greift eine Druckkraft P an.

Wegen der starren Unterlage kann der Stab nur einseitig entgegen der Richtung der Gewichtskraft ausknicken. Ab einem bestimmten Wert P_{krit} der Druckkraft P sind also neben der trivialen, geraden Form noch weitere nichttriviale, gebogene Gleichgewichtslagen möglich. Zur Ermittlung dieser kleinsten kritischen Last wird die Beziehung zwischen den Lasten und den Verformungen benötigt. Hierzu muß ein nichtlineares Randwertproblem mit nichtkonstanten Koeffizienten integriert werden. Wie sich später zeigen wird, ist ein wesentlicher Systemparameter der Quotient aus Eigengewicht und EULERlast. Er besitzt, wie man leicht zeigen kann, einen kleinen Zahlenwert. Es bietet sich deshalb eine asymptotische Entwicklung der Lösung nach diesem kleinen Parameter an. Speziell wird die Methode der singulären Störungsrechnung [1] verwendet.

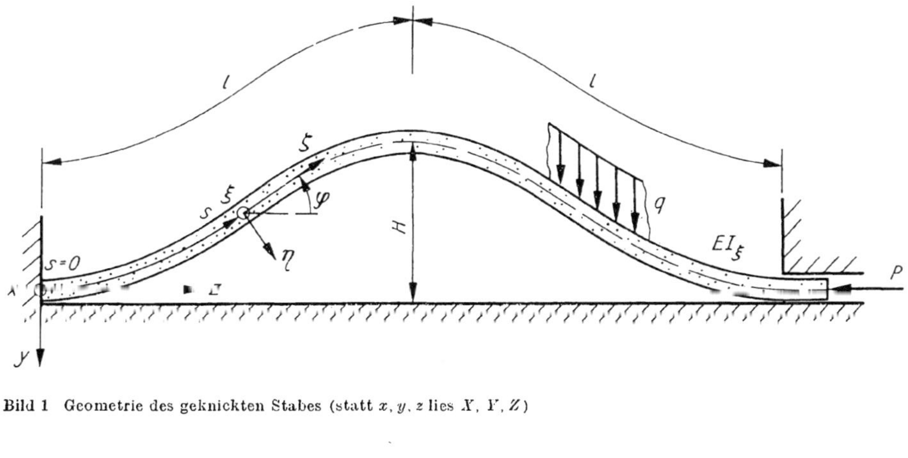

Bild 1 Geometrie des geknickten Stabes (statt x, y, z lies X, Y, Z)

2. Allgemeines

Schneidet man an der Stelle s, mit s als Bogenlänge, ein Stabelement der Länge ds heraus, so erhält man nach [2] bezogen auf das lokale Hauptachsensystem ξ, η und ζ das Gleichgewicht zwischen den inneren Kräften und den Belastungen

$$\dot{Q}_\eta - Q_\zeta\dot{\varphi} = -q_\eta\,, \qquad \dot{Q}_\zeta + Q_\eta\dot{\varphi} = -q_\zeta \tag{1}$$

und die Beziehung zwischen Biegemoment und Querkraft

$$\dot{M}_\xi = Q_\eta\,. \tag{2}$$

Ein Punkt kennzeichnet die Ableitung nach der Bogenlänge. Stoffgesetz und Kinematik werden durch die Gleichungen

$$\dot{\varphi} = M_\xi/EI_\xi\,, \qquad \dot{Y} = -\sin\varphi \tag{3}$$

ausgedrückt, wobei EI_ξ die Biegesteifigkeit, φ der Biegewinkel und Y der Abstand der Stabachse von der Horizontalen ist.

Für den Fall einer lotrecht nach unten wirkenden Streckenlast q läßt sich das System (1) integrieren. Hierzu werden neue innere Kräfte H und V eingeführt, die auf das raumfeste X, Y und Z-System (Bild 1) bezogen sind. Mit der Transformation

$$Q_\zeta = H \cos\varphi - V \sin\varphi\,, \qquad Q_\eta = H \sin\varphi + V \cos\varphi \tag{4}$$

und der Belastung

$$q_\zeta = -q \sin\varphi\,, \qquad q_\eta = q \cos\varphi \tag{5}$$

wird aus (1)

$$\dot{H} = 0\,, \qquad \dot{V} = -q\,. \tag{6}$$

Ist $s = 0$ das linke Stabende, so folgt aus (6) mit Hilfe globaler Gleichgewichtsbetrachtungen

$$H = -P, \qquad V = q(l - s)\,. \tag{7}$$

In (4.2) eingesetzt erhält man aus (2) und (3) mit den Substitutionen

$$x = \frac{\pi}{l}\, s\,, \qquad P_0 = EI_\xi \left(\frac{\pi}{l}\right)^2, \qquad \lambda = P/P_0\,, \qquad \varepsilon = ql/P_0\,, \qquad v = \frac{\pi}{l}\, Y \tag{8}$$

das nichtlineare Randwertproblem

$$\varphi'' + \lambda \sin\varphi - \varepsilon\left(1 - \frac{x}{\pi}\right)\cos\varphi = 0\,, \qquad v' = -\sin\varphi\,, \qquad \varphi(0) = \varphi(\pi) = 0\,, \qquad v(0) = 0\,. \tag{9}$$

Ein Strich entspricht der Ableitung nach der dimensionslosen Koordinate x.

Aus Symmetriegründen wird ab sofort nur noch die linke Stabhälfte betrachtet. Bezeichnet h die normierte Maximaldurchbiegung, d. h. ist

$$v(\pi) = h\,, \tag{10}$$

dann ist die Last-Verformungskurve in der Form

$$\lambda = \lambda(h; \varepsilon) \tag{11}$$

gesucht. Sofern ε genügend klein ist, stellt (11) ein singuläres Problem dar. Für $\varepsilon = 0$ erhält man die äußere Lösung λ_a, die gültig ist für betragsmäßig große Werte von h. Dagegen ist die Grenzschichtvariable $g = h/\varepsilon$ gültig im Bereich kleiner Werte von $|h|$. Sie liefert die innere Lösung λ_i. Die gesuchte Funktion λ ergibt sich als zusammengesetzte Entwicklung aus λ_i und λ_a nach den Regeln der singulären Störungsrechnung. Das Minimum von λ liefert die gesuchte kritische Druckkraft.

3. Die innere Lösung

Wie erwähnt ist für die innere Lösung von λ

$$h = \varepsilon g \tag{12}$$

zu setzen. Zur Ermittlung von g muß das Randwertproblem (9) integriert werden. Hierzu sind neue Zustandsvariablen α und w nach der (12) entsprechenden Vorschrift

$$\varphi = \varepsilon\alpha\,, \qquad v = \varepsilon w \tag{13}$$

einzuführen. Dies ergibt anstatt (9) bei Beschränkung auf lineare Terme in ε das lineare Randwertproblem

$$\alpha'' + \lambda_i\alpha - (1 - x/\pi) = 0\,, \qquad w' = -\alpha\,, \qquad \alpha(0) = \alpha(\pi) = 0\,, \qquad w(0) = 0\,, \tag{14}$$

dessen Lösung

$$w = \frac{1}{\lambda_i}\left[\frac{\cos\sqrt{\lambda_i}\,(\pi - x) - \cos\sqrt{\lambda_i}\,\pi}{\sqrt{\lambda_i}\,\sin\sqrt{\lambda_i}\,\pi} - \left(x - \frac{x^2}{2\pi}\right)\right] \tag{15}$$

die Beziehung

$$w(\pi) = g = \frac{1}{\lambda_i^{3/2}}\left[\tan\frac{\sqrt{\lambda_i}\,\pi}{2} - \frac{\sqrt{\lambda_i}\,\pi}{2}\right]. \tag{16}$$

liefert. Gleichung (16) ist die implizite Darstellung von λ_i. Gesucht ist die Umkehrfunktion von (16), die aber wegen der tan-Funktion nicht eindeutig ist. In Hinblick auf die spätere Verknüpfung von innerer und äußerer Lösung wird deshalb für (16) die spezielle Reihenentwicklung $\lambda_i = 1 + \delta$ mit $0 < \delta < 1$ gewählt. Dann erhält man als erste Näherung für die innere Lösung

$$\lambda_i = 1 + \frac{8}{12 - \pi^2 - 2\pi g}\,. \tag{17}$$

4. Die äußere Lösung

Wie erwähnt ist hier in (9) $\varepsilon = 0$ zu setzen. Dies führt zum nichtlinearen Eigenwertproblem

$$\varphi'' + \lambda_a \sin\varphi = 0\,; \qquad v' = -\sin\varphi\,, \qquad \varphi(0) = \varphi(\pi) = 0\,, \qquad v(0) = 0\,. \tag{18}$$

Seine Lösung könnte exakt mit Hilfe elliptischer Funktionen angegeben werden. In Einklang mit der Ermittlung von λ_i genügt aber die erste Näherung für λ_a.

Globale Gleichgewichtsbetrachtungen liefern ein erstes Integral von (18)

$$\varphi' = \lambda_a(v - h/2)\,. \tag{19}$$

Wird (19) in (18) eingesetzt und eliminiert man φ und φ', so ergibt dies

$$\frac{v''}{\sqrt{1 - v'^2}} + \lambda_a(v - h/2) = 0\,; \qquad v(0) = v'(0) = 0\,. \tag{20}$$

Beschränkt man sich auf quadratische Terme in v', dann bleibt

$$v'' + \lambda_a(v - h/2) + \mu\frac{v''v'^2}{2} = 0 \tag{21}$$

übrig. Der Ordnungsfaktor $\mu = 1$ soll die Kleinheit des zugeordneten Terms zum Ausdruck bringen. Mit dem regulären Ansatz [3]

$$v = \overset{(0)}{v} + \mu\overset{(1)}{v}\,, \qquad \lambda_a = \overset{(0)}{\lambda}_a + \mu\overset{(1)}{\lambda}_a \tag{22}$$

erhält man als ungestörtes Problem

$$\overset{(0)}{v}{}'' + \overset{(0)}{\lambda}_a(\overset{(0)}{v} - h/2) = 0\,, \qquad \overset{(0)}{v}(0) = \overset{(0)}{v}{}'(0) = 0 \tag{23}$$

und als gestörtes

$$\overset{(1)}{v}{}'' + \overset{(0)}{\lambda}_a\overset{(1)}{v} = -\overset{(1)}{\lambda}_a(\overset{(0)}{v} - h/2) - \frac{\overset{(0)}{v}{}''\overset{(0)}{v}{}'^2}{2}\,, \qquad \overset{(1)}{v}(0) = \overset{(1)}{v}{}'(0) = 0\,. \tag{24}$$

Die Lösung von (23) ist

$$\overset{(0)}{v} = \frac{h}{2}(1 - \cos x)\,, \qquad \overset{(0)}{\lambda}_a = 1\,. \tag{25}$$

In (24) eingesetzt erhält man

$$\overset{(1)}{v}{}'' + \overset{(1)}{v} = \frac{h}{64}\left[\left(32\overset{(1)}{\lambda}_a - h^2\right)\cos x + h^2\cos 3x\right], \qquad \overset{(1)}{v}(0) = \overset{(1)}{v}{}'(0) = 0\,. \tag{26}$$

Die Randbedingungen fordern das Verschwinden des Säkularterms. Daraus folgt

$$32\overset{(1)}{\lambda}_a - h^2 = 0\,. \tag{27}$$

Die erste Näherung für die äußere Lösung lautet deshalb

$$\lambda_a = 1 + \frac{h^2}{32}. \tag{28}$$

5. Ergebnis

Innere und äußere Lösung müssen mit der Bedingung

$$\lim_{g\to-\infty} \lambda_i = \lim_{h\to-0} \lambda_a \tag{29}$$

verknüpft werden. Wie man leicht nachprüft, ist sie wegen der speziellen Wahl von (17) automatisch erfüllt. Die zusammengesetzte Entwicklung erhält man formal aus

$$\lambda = \lambda_i + \lambda_a - \text{gemeinsamer Teil}, \tag{30}$$

oder eingesetzt und in der äußeren Variablen umgeschrieben,

$$\lambda = 1 + \frac{4}{(6 - \pi^2/2) - \pi h/\varepsilon} + \frac{h^2}{32}. \tag{31}$$

Zur Ermittlung der niedrigsten Druckkraft P_{krit}, bei der eine nichttriviale Gleichgewichtslage möglich ist, muß das Minimum der Funktion (31) ermittelt werden. Hierzu kann im Sinne der bisherigen Näherung der Klammerausdruck im Nenner des zweiten Terms in (31) gegenüber $\pi h/\varepsilon$ vernachlässigt werden. Dann folgt

$$\lambda_{min} = \frac{P_{krit}}{P_0} = 1 + \frac{3}{2}\left(\frac{\varepsilon}{\pi}\right)^{2/3}. \tag{32}$$

Literatur

1 COLE, J. D., Perturbation Methods in Applied Mathematics, Blaisdell Publ. Comp. (1970).
2 VIELSACK, P., The Analogy between Elastic Rods and Rigid Body Motions, Part I: Nonlinear Theory, SM Archives **4** (1979) 347–377.
3 BÜRKLIN, H., SCHMIEG, H., VIELSACK, P., Zur Anwendung der Störungsrechnung auf lineare Eigenwertprobleme der Stabstatik, Ing. Arch. **46** (1977) 271–280.

Eingereicht am 1. Juli 1980

Anschrift: Prof. Dr.-Ing. habil. PETER VIELSACK, Institut für Mechanik, Universität Karlsruhe, 7500 Karlsruhe, Postfach 6380, BRD

KLEINE MITTEILUNGEN

ZAMM 61, 59 (1981)

E. Brommundt

Einmassenschwinger mit Coulombscher Reibung und zufälliger Impulserregung

Herrn Professor Dr. Fritz Weidenhammer zum 60. Geburtstag gewidmet.

Die Bewegungsgleichung des Einmassenschwingers mit linearer Feder und linearem Dämpfer lautet in dimensionsloser Form

$$\ddot{X} + 2D\dot{X} + [\operatorname{sgn} \dot{X} + X]^* = \sum_k Q_k\, \delta(t - t_k)\,. \tag{1}$$

Darin bedeuten: $X(t)$ stochastischer Prozeß der Ausschläge; D Lehrsches Dämpfungsmaß $(0 < D < 1)$; mit $[\operatorname{sgn} \dot{X} + X]^* := \operatorname{sgn} \dot{X} + X$, falls $|\dot{X}| > 0$ oder $|X| > 1$, $[\operatorname{sgn} \dot{X} + X]^* = 0$, falls $\dot{X} = 0$ und $|X| < 1$, wird das Rasten des zur Ruhe gekommenen Schwingers (bis zum nächsten Stoß) erfaßt, wenn die Federkraft zum Losreißen nicht ausreicht; $t_k := kT$ Folge der Stoßzeitpunkte, $k = 0, 1, 2, \ldots$; $T > 0$ Stoßperiode; Q_k beim k-ten Stoß übertragener Impuls, die Q_k seien voneinander unabhängige Zufallsvariable und über dem Intervall $-Q \leqq q \leqq Q$ gleichverteilt, Dichte $f_Q(q) = 1/2\,Q$ für $|q| \leqq Q$, $f_Q(q) = 0$ für $|q| > Q$; $\delta(t - t_k)$ Deltafunktion bezüglich der Zeit.

Mit $\boldsymbol{X}(t) := (X, \dot{X})$ bezeichnen wir den Zustand des Systems. Wir untersuchen die Wahrscheinlichkeitsdichte $f_{\boldsymbol{X}}(\boldsymbol{x}, t)$ für den Zustand $\boldsymbol{X}(t)$, heben deren typische Unstetigkeiten hervor und konstruieren eine Markov-Kette, die zu den diskreten Zeitpunkten $t_k^\pm$ den Prozeß erfaßt; $\boldsymbol{x} := (x_1, x_2)$.

Zwischen zwei Stößen, $t_{k-1} < t < t_k$, wird der Phasenfluß des Schwingers in dem schiefwinkligen x_1-, x_2-Koordinatensystem nach Bild 1 durch zwei Scharen logarithmischer Spiralen erfaßt, die mit konstanter Winkelgeschwindigkeit $\nu := \sqrt{1 - D^2}$ durchlaufen werden, vgl. [1] S. 126:

$$\varrho = C\,\mathrm{e}^{-Dt} = C\,\mathrm{e}^{-D(\varphi - \varphi_0)/\nu}\,, \qquad \varphi = \varphi_0 + \nu t; \tag{2}$$

um den Pol $(-1{,}0)$ für die Halbebene E_1 mit $x_2 > 0$ und um $(+1{,}0)$ für E_2 mit $x_2 < 0$. Auf der x_1-Achse kommt der Schwinger im Intervall $R = \{\boldsymbol{x}\colon -1 < x_1 < 1, |x_2| < \varepsilon \ll 1\}$ zur Ruhe, längs $x_1 > 1$ und $x_1 < -1$ gehen die Zustände $\boldsymbol{X}(t)$ stetig aus einer Halbebene in die andere über, dabei springt die Phasengeschwindigkeit dem Betrage nach von $|x_1| + 1$ auf $|x_1| - 1$.

Bezeichne E die gesamte Phasenebene, sei $f_{\boldsymbol{X}}(\boldsymbol{x}, t) = f_{\boldsymbol{X}}(x_1, x_2, t)$ eine Wahrscheinlichkeitsdichte über E, so daß das Flächenintegeal

$$\int_A f_{\boldsymbol{X}}(x, t)\, \nu\, \mathrm{d}x_1\, \mathrm{d}x_2 =: P(\boldsymbol{X}(t) \in A) \tag{3}$$

die Wahrscheinlichkeit angibt, mit der das System zum Zeitpunkt t einen Zustand aus dem Bereich A annimmt; notwendig ist $P(\boldsymbol{X}(t) \in E) = 1$. Die Dichte $f_{\boldsymbol{X}}$ enthält im allgemeinen auch δ-Anteile, z. B. über dem oben erwähnten Ruheintervall R.

Zwischen zwei Stößen wird die Dichte $f_{\boldsymbol{X}}$ vom Phasenfluß „mitgenommen", da sich während der Determiniertheitsintervalle die Wahrscheinlichkeit für das Auftreten einer bestimmten Trajektorienschar nicht ändert. Beim Übergang von einem Zustand $\boldsymbol{x}'$ mit (ϱ', φ') nach $\boldsymbol{x}''$ mit (ϱ'', φ'') längs einer Trajektorie in einer Halbebene E_i folgt für die Dichten $f_{\boldsymbol{X}}'$ bzw. $f_{\boldsymbol{X}}''$ mit (2) und (3)

$$f_{\boldsymbol{X}}'' = f_{\boldsymbol{X}}'\, \mathrm{e}^{2D(\varphi'' - \varphi')/\nu}\,. \tag{4}$$

Beim Übergang von einer Halbebene zur anderen, vgl. Punkte $\boldsymbol{x}^{\mathrm{III}}$, $\boldsymbol{x}^{\mathrm{IV}}$ in Bild 1, gilt wegen des Sprunges in der Phasengeschwindigkeit

$$f_{\boldsymbol{X}}^{\mathrm{IV}} = f_{\boldsymbol{X}}^{\mathrm{III}}\, \frac{|x_1| + 1}{|x_1| - 1}\,, \qquad x_1 \text{ Übergangsstelle.} \tag{5}$$

Über dem Ruheintervall R wird während $t_{k-1} < t < t_k$ eine δ-förmige Dichte aufgebaut:

$$f_{\boldsymbol{X}}(\boldsymbol{x}, t) = \frac{1}{\nu}\, \delta(x_2)\, \hat{f}(x_1, t) \quad \text{für} \quad \boldsymbol{x} \in R; \tag{6}$$

es gilt dort

$$\partial\hat{f}/\partial t = (1 + x_1)\, \nu f_1(x_1, 0, t) + (1 - x_1)\, \nu f_2(x_1, 0, t)\,, \tag{7}$$

wo $f_i(x_1, 0, t) := f_{\boldsymbol{X}}(x_1, x_2, t)$ für $\boldsymbol{x} \in R \cap E_i$. Mit (4) bis (7) kann man den Dichteverlauf zwischen zwei Stößen verfolgen.

Sei $f_k^-(\boldsymbol{x}) := f_{\boldsymbol{X}}(\boldsymbol{x}, t_k^-)$ die Dichte unmittelbar vor dem k-ten Stoß. Bei diesem Stoß geht der Zustand $\boldsymbol{X}_k^- := \boldsymbol{X}(t_k^-) = (X_k^-, \dot{X}_k^-)$ über in $\boldsymbol{X}_k^+ := \boldsymbol{X}(t_k^+) = (X_k^-, \dot{X}_k^- + Q_k)$. Da Q_k gleichverteilt ist, folgt für $f_k^+(\boldsymbol{x}) := f_{\boldsymbol{X}}(\boldsymbol{x}, t_k^+)$ das Faltungsintegral

$$f_k^+(x_1, x_2) = \frac{1}{2Q} \int_{-Q}^{Q} f_k^-(x_1, x_2 - \xi)\, \mathrm{d}\xi\,, \tag{8}$$

vgl. [2] S. 79. Man kann dies so deuten, daß $f_k^-(x_1, x_2)$ auf das parallel zur x_2-Achse gelegene Intervall

$$v(\boldsymbol{x}) = \{\boldsymbol{x}^* : \boldsymbol{x}^* \in E, x_1 = x_1^*, x_2 - Q \leqq x_2^* \leqq x_2 + Q\} \tag{9}$$

verteilt wird. Dadurch wird der Deltafunktionsanteil (6) aufgehoben, die Fläche $f_k^+(\boldsymbol{x})$ enthält nur sprungförmige Unstetigkeiten auf dem Parallelogramm mit den Seiten $x_1 = \pm 1$ und $x_2 = \pm Q$ (falls $f_k^-(\boldsymbol{x})$ außer (6) keine weiteren Deltafunktionsanteile enthielt, was nur für den Anfangszustand $f_0^-(\boldsymbol{x})$ in Frage kommt). Im anschließenden Zeitintervall $t_k < t < t_{k+1}$ akkumuliert $f_{\boldsymbol{X}}(x, t)$ über R wieder einen δ-Anteil, der beim $(k+1)$-ten Stoß aufgehoben wird usw.

Mit den Gleichungen (4) bis (9) kann man die Dichten $f_k^+(\boldsymbol{x})$ in Abhängigkeit von k verfolgen, insbesondere Übergangsdichten angeben. Damit ist die Untersuchung der stochastischen Bewegungen des gegebenen Schwingers auf die Untersuchung einer Markov-Kette über dem Phasenraum E zurückgeführt, vgl. [2] S. 190ff., [3]. Bild 1 zeigt für $D = 0.2$, $\nu T = \pi$ und $Q = 2$ den irreduziblen Bereich des Schwingers, der — einmal erreicht — mit Wahrscheinlichkeit 1 nicht verlassen wird. Eine genauere Untersuchung der Markov-Kette gibt Aufschluß über das qualitative Verhalten der Realisierungen. Zum Beispiel können sich Realisierungen — mit Ausnahme einer Menge vom Maß Null — frühestens nach zwei Stößen wiederholen, aus den punktierten Zipfeln sogar erst nach drei Stößen.

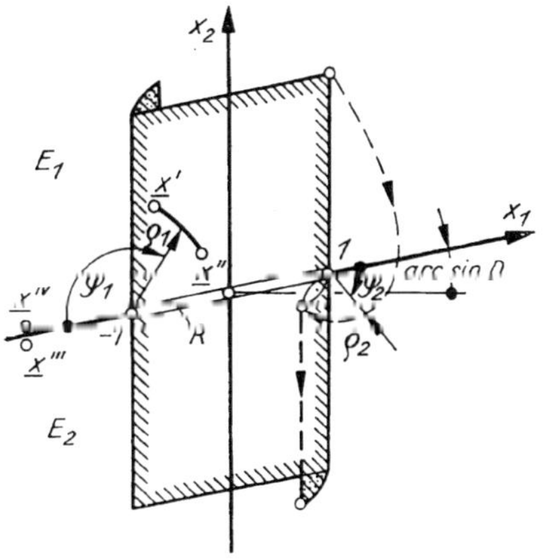

Bild 1. Phasenebene mit irreduziblem Bereich

Literatur

1 Klotter, K., Technische Schwingungslehre, Bd. 1, 2. Aufl., Springer, Berlin 1951

2 Doob, J. L., Stochastic processes, Wiley, New York 1953

3 Chung, K. L., The general theory of Markov processes according to Doeblin, Z. Wahrscheinlichkeitstheorie 2, S. 230–254 (1964)

Anschrift: Prof. Dr. E. Brommundt, Mechanikzentrum, Technische Universität, Postfach 3329, D-3300 Braunschweig, BRD

ZAMM 61, 60 – 61 (1981)

J. Wauer

Anlaufen einfacher Schwingungssysteme mit verteilten Parametern unter Kraft- und Massenkrafterregung

Herrn Professor Dr. F. Weidenhammer zum 60. Geburtstag gewidmet

1. Zielsetzung

Der Anfahrvorgang eines kraft- bzw. massenkrafterregten Schwingungssystems durch die Resonanz wird bekanntlich in erster Näherung durch schwingende Störfunktionen mit linear zunehmender Frequenz beschrieben. Für den einläufigen Schwinger läßt sich dann eine geschlossene Lösung mit Hilfe von Gewichtsfunktion und Faltungsintegral angeben und auf in der Regel tabellierte Fresnelsche Integrale zurückführen [1, 2, 3]. Die Betrachtungen werden am Beispiel eines längsschwingenden Stabes auf Systeme mit örtlich verteilten Parametern ausgedehnt. Es zeigt sich, daß sich unter Zuhilfenahme der Greenschen Funktion wiederum eine integrale Darstellung der Lösung finden läßt, die enge Analogien zu der eines entsprechenden diskreten Schwingers aufweist.

2. Physikalisches und mathematisches Modell

Ausgangspunkt der Überlegungen ist ein einseitig eingespannter Stab der Länge l mit der jeweils konstant angenommenen Dehnsteife EA und Massenbelegung μ, s. Bild 1. Am gegenüberliegenden Ende wird er zum einen durch eine Kraft $F(t)$ mit konstanter Amplitude F_0 und zum anderen durch auf dem

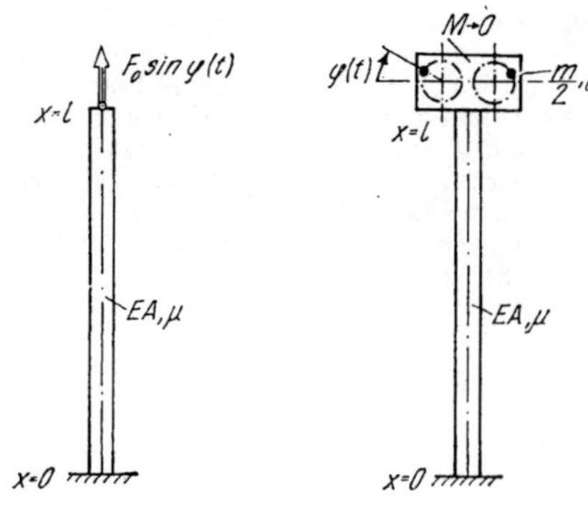

Bild 1. Physikalische Modelle

Radius e umlaufende Unwuchten der Gesamtmasse m zu orts- und zeitabhängigen Längsschwingungen $\bar u(x, t)$ angeregt. Das Zeitverhalten $\varphi\,t)$ der Kraft- und Massenkrafterregung sei in der Form

$$\varphi(t) = \frac{\Lambda}{2}\,t^2 \tag{1}$$

durch eine konstante (positive) Winkelbeschleunigung Λ gekennzeichnet.

Werden Dämpfungseffekte und der Einfluß der Schwerkraft vernachlässigt, liefert eines der bekannten Prinzipe der Mechanik das beschreibende Anfangs-Randwert-Problem

$$\begin{aligned}
&EA\bar u_{xx} - \mu \bar u_{tt} = 0\,,\\
&\bar u(0, t) = 0\,,\\
&EA\bar u_x(l, t) - F_0 \sin\varphi = 0 \quad \text{bzw.}\\
&EA\bar u_x(l, t) + m\bar u_{tt}(l, t) + me(\varphi_{tt}\cos\varphi - \varphi_t^2 \sin\varphi) = 0\,,\\
&\bar u(x, 0) = \bar u_t(x, 0) = 0\,, \qquad {}_x = \frac{\partial}{\partial x}\,, \qquad {}_t = \frac{\partial}{\partial t}\,,
\end{aligned} \tag{2}$$

wenn in beiden Fällen ohne besondere Einschränkung der Allgemeinheit aus der Ruhe heraus angefahren wird. Fünf bzw. sechs physikalische Parameter gehen in die Rechnung ein.

Durch Einführen dimensionsloser Größen läßt sich ihre Zahl um jeweils zwei reduzieren. Mit

$$\begin{aligned}
&\xi = \frac{x}{l}\,, \qquad \tau = \frac{\Lambda}{\varkappa}\,t\left(\varkappa^2 = \frac{EA}{\mu l^2}\right), \qquad u = \frac{\bar u}{l}\,,\\
&\lambda = \frac{\Lambda}{\varkappa^2}\,, \qquad f_0 = \frac{F_0}{EA} \quad \text{bzw.} \quad \varepsilon = \frac{e}{l}\,, \qquad \alpha = \frac{m}{\mu l}
\end{aligned} \tag{3}$$

erhält man nämlich in der Form

$$\begin{aligned}
&u'' - \lambda^2 \ddot u = 0\,, \qquad u(0, \tau) = 0\,,\\
&u'(1, \tau) = f(\tau) \quad \text{bzw.} \quad \alpha u'(1, \tau) + \lambda^2 \ddot u(1, \tau) = f(\tau)\,,\\
&f(\tau) = f_0 \sin\frac{\tau^2}{2\lambda} \quad \text{bzw.} \quad f(\tau) = \varepsilon\left(\tau^2 \sin\frac{\tau^2}{2\lambda} - \lambda\cos\frac{\tau^2}{2\lambda}\right),\\
&u(\xi, 0) = \dot u(\xi, 0) = 0\,, \qquad ' = \frac{\partial}{\partial \xi}\,, \qquad \dot{} = \frac{\partial}{\partial \tau}
\end{aligned} \tag{4}$$

das zugehörige dimensionslose Anfangs-Randwertproblem. Die erhaltenen Beziehungen sind in ihrem Aufbau für Kraft- und Massenkrafterregung sehr ähnlich, weisen im Detail jedoch zwei Unterschiede auf. Bei Massenkrafterregung stellt man nämlich erstens durch den Vorfaktor τ^2 ein im Lauf der Zeit immer stärkeres Anschwellen der Anregungsintensität fest — dies gilt natürlich auch für einen entsprechenden Einmassenschwinger —, und zweitens treten durch die massebehafteten rotierenden Unwuchten, wie bei allen derartigen hybriden Systemen, Zeitableitungen in den Randbedingungen auf.

3. Lösung des Randwertproblems

Die Struktur der Lösung [4]

$$u(\xi, \tau) = \int_0^\tau g(\tau - \vartheta, \xi, 1)\, f(\vartheta)\, d\vartheta \tag{5}$$

wird durch diese Unterschiede allerdings nur indirekt beeinflußt. Sowohl die Greensche Funktion $g(\tau - \vartheta, \xi, 1)$ als auch die Störfunktion $f(\vartheta)$ gemäß (4) sind für beide Erregerarten nämlich verschieden. Es sei bemerkt, daß der allgemeinere Fall inhomogener Randbedingungen und inhomogener Differentialgleichung in (4) ähnlich zu handhaben ist. Es wird dann zusätzlich noch eine Integration über den Ortsbereich von $\xi = 0$ bis $\xi = 1$ erforderlich, so daß gewisse rechentechnische Schwierigkeiten in der späteren Auswertung auftreten können.

Unabhängig davon berechnet sich die Greensche Funktion $g(\tau - \vartheta, \xi, \zeta)$ im Zeitbereich aus der Differentialgleichung des Originalsystems

$$g'' - \lambda^2 \ddot g = \delta(\tau)\, \delta(\zeta - \xi) \tag{6.1}$$

mit den bezeichneten Deltafunktionen als inhomogener rechter Seite sowie homogenen Rand- und Anfangsbedingungen

$$\begin{aligned}
&g(\tau, 0, \zeta) = 0\,,\\
&g'(\tau, 1, \zeta) = 0 \quad \text{bzw.} \quad \alpha g'(\tau, 1, \zeta) + \lambda^2 \ddot g(\tau, 1, \zeta) = 0\,,\\
&g(0, \xi, \zeta) = 0\,, \qquad \dot g(0, \xi, \zeta) = 0\,.
\end{aligned} \tag{6.2}$$

Für die praktische Berechnung der Greenschen Funktion $g(\tau - \vartheta, \xi, \zeta)$ ist es zweckmäßig, von der Darstellung im Zeitbereich durch Laplace-Transformationen in den Bildbereich s überzugehen:

$$\begin{aligned}
&G'' - (\lambda s)^2\, G = \delta(\zeta - \xi)\,,\\
&G(s, 0, \zeta) = 0\,,\\
&G'(s, 1, \zeta) = 0 \quad \text{bzw.} \quad \alpha G'(s, 1, \zeta) + (\lambda s)^2\, G(s, 1, \zeta) = 0\,.
\end{aligned} \tag{7}$$

Die Laplace-Transformierte $G(s, \xi, \zeta)$ der Gewichtsfunktion $g(\tau - \vartheta, \xi, \zeta)$ — auch Greensche Resolvente genannt [5] — läßt sich nämlich für beide Problemstellungen innerhalb (7) in der Form

$$\begin{aligned}
G(s, \xi, 1) = &-\frac{1}{s\lambda}\,\frac{\sinh(s\lambda\xi)}{\cosh(s\lambda)} \quad \text{bzw.}\\
&-\frac{\alpha}{s\lambda}\,\frac{\sinh(s\lambda\xi)}{\alpha\cosh(s\lambda) + s\lambda\sinh(s\lambda)}
\end{aligned} \tag{8}$$

einfach der Literatur [6] — hier speziell am Rand $\zeta = 1$ — entnehmen. Durch Rücktransformation in den Zeitbereich [7] hat man dann die Originalfunktion $g(\tau - \vartheta, \xi, 1)$ in geschlossener

Form

$$g(\tau - \vartheta, \xi, 1) = \sum_{k=1}^{\infty} C_k U_k(\xi) \sin \varkappa_k(\tau - \vartheta)\,, \tag{9}$$

wenn auch in Reihendarstellung gefunden, worin z. B. bei Krafterregung für

$$C_k = \frac{4}{\lambda\pi}\frac{(-1)^{k-1}}{2k-1}, \qquad U_k(\xi) = \sin \frac{2k-1}{2}\pi\xi\,, \qquad \varkappa_k = \frac{2k-1}{2}\frac{\pi}{\lambda} \tag{10}$$

zu nehmen ist.

Einsetzen in Gleichung (5) sowie Vertauschen von Summen- und Integralzeichen liefert schließlich die Lösung des transienten Anfahrvorganges eines kraft- und massenkrafterregten kontinuierlichen Schwingers

$$u(\xi, \tau) = \sum_{k=1}^{\infty} C_k U_k(\xi) \int_0^{\tau} \sin \varkappa_k(\tau - \vartheta) f(\vartheta)\, d\vartheta \tag{11}$$

in integraler Darstellung, die der des einläufigen Systems völlig entspricht. Anstelle einer einzigen Eigenschwingung sind jetzt in der Antwort eben abzählbar unendlich viele Eigenschwingungsformen vertreten. Die erhaltene Lösungsform (11) läßt noch keine mechanische Deutung zu. Nach einigen trigonometrischen Umformungen erkennt man jedoch, daß sowohl bei Kraft- als auch bei Massenkrafterregung eine Reduktion auf FRESNELsche Integrale [8] möglich ist. So erhält man zum Beispiel bei Krafterregung nach kurzer Rechnung für den Schwingungsausschlag folgendes Ergebnis:

$$\begin{aligned} u(\xi, \tau) = \frac{f_0}{\sqrt{\lambda\pi}} \sum_{k=1}^{\infty} \frac{2(-1)^{k-1}}{2k-1} \sin \frac{2k-1}{2}\pi\xi \Bigg\{ \cos \varkappa_k\tau \Bigg[\cos \frac{\lambda}{2}\varkappa_k^2 \times \\ \times \left[C\left(\frac{1}{\sqrt{\lambda\pi}}\left(\tau - \frac{2k-1}{2}\pi\right)\right) - C\left(\frac{1}{\sqrt{\lambda\pi}}\left(\tau + \right.\right.\right. \\ \left.\left.\left. + \frac{2k-1}{2}\pi\right)\right) + 2C\left(\sqrt{\frac{\lambda}{\pi}}\varkappa_k\right)\right] + \sin \frac{\lambda}{2}\varkappa_k^2 \times \\ \times \left[S\left(\frac{1}{\sqrt{\lambda\pi}}\left(\tau - \frac{2k-1}{2}\pi\right)\right) - S\left(\frac{1}{\sqrt{\lambda\pi}}\left(\tau + \right.\right.\right. \\ \left.\left.\left. + \frac{2k-1}{2}\pi\right)\right) + 2S\left(\sqrt{\frac{\lambda}{\pi}}\varkappa_k\right)\right]\Bigg] + \sin \varkappa_k\tau \times \\ \times \Bigg[\sin \frac{\lambda}{2}\varkappa_k^2 \left[C\left(\frac{1}{\sqrt{\lambda\pi}}\left(\tau - \frac{2k-1}{2}\pi\right)\right) + \right. \\ \left. + C\left(\frac{1}{\sqrt{\lambda\pi}}\left(\tau + \frac{2k-1}{2}\pi\right)\right)\right] - \cos \frac{\lambda}{2}\varkappa_k^2 \times \\ \times \left[S\left(\frac{1}{\sqrt{\lambda\pi}}\left(\tau - \frac{2k-1}{2}\pi\right)\right) + \right. \\ \left. + S\left(\frac{1}{\sqrt{\lambda\pi}}\left(\tau + \frac{2k-1}{2}\pi\right)\right)\right]\Bigg]\Bigg\}. \end{aligned} \tag{12}$$

Man bestätigt leicht, daß die homogenen Anfangsbedingungen in (4) erfüllt sind.

4. Diskussion der Lösung

Aus der Form der erhaltenen Lösung ergibt sich unmittelbar, daß sich die entstehende Bewegung asymptotisch einer periodischen Schwingung als Überlagerung der Eigenschwingungen annähert, denn für $\tau \to \infty$ werden die FRESNELschen Integrale S und $C(\tau)$ beide gleich 1/2. Ferner sieht man, daß der Ausschlag $u(\xi, \tau)$ der Erregerintensität f_0 proportional und der Quadratwurzel der Anfahrbeschleunigung λ umgekehrt proportional ist. Wie schon beim einläufigen Schwinger [1] führen also große Erregeramplituden und kleine Anfahrtbeschleunigungen verständlicherweise auf große Schwingweiten.

Die Rechnung für das Anfahren unter Massenkrafterregung verläuft analog, und die Ergebnisse sind durchaus vergleichbar mit einer wesentlichen Ausnahme. Im auffälligen Gegensatz zum Anlaufvorgang bei Krafterregung bleiben nämlich dieses Mal nach dem Durchfahren der verschiedenen Resonanzen nicht allein Eigenschwingungen zurück, sondern die Bewegung bleibt in der durch die Erregung erzwungenen Form wie ebenfalls schon beim Einmassenschwinger [2] nichtperiodisch.

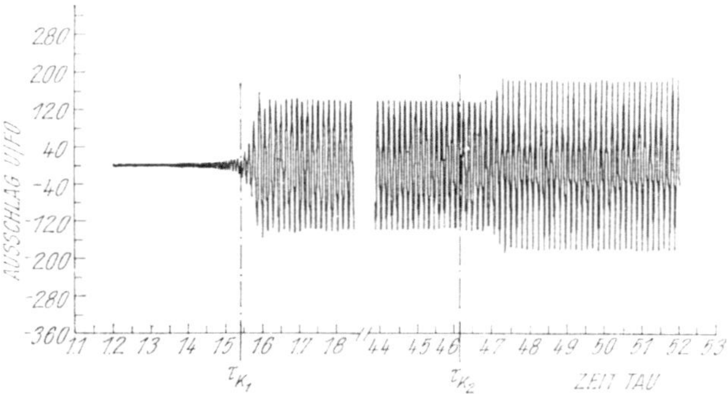

Bild 2. Anlaufkurve für Krafterregung

In Bild 2 ist abschließend für den längsschwingenden Stab unter Krafterregung das Ergebnis einer zahlenmäßigen Berechnung des Schwingungsausschlages $u(\xi = 1, \tau)$ aufgezeichnet [9]. Um eine Vorstellung von den gewählten Anfahrbedingungen zu gewinnen, sind auf der Zeitachse diejenigen Werte τ_{k1} und τ_{k2} angegeben, für die gerade die momentane Drehgeschwindigkeit, d. h. die Erregerfrequenz, die erste und dann zweite Eigenfrequenz erreicht hat. Bei stationärem Betrieb würde sich genau dort Resonanz einstellen. Unmittelbar im Anschluß an den Zeitpunkt τ_{k1} ist ein erster Größtausschlag erreicht, der im ungedämpften Fall jedoch nur unwesentlich größer ist als die Ausschläge, die sich später aber noch vor τ_{k2} einstellen. Ist τ_{1k} überschritten, vergrößert sich die Schwingweite wiederum merklich, ohne im Anschluß daran wieder stärker abzuklingen. Auch beim Durchfahren weiterer Resonanzstellen ist ein entsprechendes Verhalten zu erwarten, wenn auch wohl immer weniger stark ausgeprägt als zuvor.

Charakteristische Merkmale des instationären Anfahrens beim Kontinuum werden damit richtig beschrieben. Andererseits zeigt sich aber auch, daß für eine quantitative, praxisorientierte Auswertung zumindest Dämpfungseinflüsse nicht außer acht bleiben dürfen. Nur so läßt sich nämlich das in der Realität auftretende starke Absinken der Schwingungsamplitude zwischen den Resonanzen beschreiben.

5. Zusammenfassung

Genau wie für einläufige Systeme auch ist die vorgestellte Rechenmethode damit auf erste, mehr qualitative Untersuchungen beschränkt, dann aber im Gegensatz zu anderen Verfahren (s. z. B. [10]) auf all jene kontinuierlichen Schwinger problemlos zu erweitern, deren GREENsche Funktion formelmäßig berechenbar ist.

Literatur

1 PÖSCHL, TH., Ing.-Archiv 4 (1933), S. 98–102.
2 WEIDENHAMMER, F., ZAMM 38 (1958), S. 304–307.
3 FILLIPOW, A. P., Kolebanija uprugich sistem (Schwingungen elastischer Systeme), Verlag d. Wiss. d. Ukraine, Kiew 1956.
4 GILLES, E. D., Systeme mit verteilten Parametern, Oldenbourg-Verlag, München/Wien 1973.
5 COLLATZ, L., Eigenwertaufgaben mit technischen Anwendungen, Akad. Verlagsgesellschaft, Leipzig 1963.
6 ROACH, G. F., Greens Functions – Introductory Theory with Applications, Van Northand-Reinhold, New York/Toronto/London 1970.
7 ERDELYI, A. (Ed.), Tables of Integral Transforms, VOL. I, Mc Graw Hill, New York/Toronto/London 1954.
8 JAHNKE, E., EMDE, F., LÖSCH, F., Tafeln höherer Funktionen, 6. Aufl. Teubner Verlagsgesellschaft, Stuttgart 1960.
9 LANGHAUSER, W., Diplomarbeit am Institut für Technische Mechanik, Universität Karlsruhe, 1980 (unveröffentlicht).
10 LOVE, A. E. H., A Treatise on the Mathematical Theory of Elasticity, 4. Ed., University Press, Cambridge 1934.

Eingereicht am 22. 4. 1980

Anschrift: Professor Dr.-Ing. J. WAUER, Institut für Technische Mechanik, Universität Karlsruhe, Kaiserstraße 12, D-7500 Karlsruhe 1, BRD

ZAMM 61, 62 – 63 (1981)

K. Kelkel

Nichtselbstadjungierte Eigenwertprobleme der Schwingungslehre

Herrn Professor Dr. F. Weidenhammer zum 60. Geburtstag gewidmet

Als eines der ersten Kriterien wird bei der Lösung von Eigenwertaufgaben die Selbstadjungiertheit überprüft, die Voraussetzung für die Anwendung vieler Sätze der Eigenwerttheorie ist [1]. Hier soll nun gezeigt werden, wie es mit Hilfe der adjungierten Eigenwertaufgabe gelingt, adäquate Verfahren für nichtselbstadjungierte Probleme zu finden.

Die systembeschreibenden Bewegungsgleichungen sollen allgemein die lineare Form

$$\mathcal{L}([\boldsymbol{r}]) = \mathcal{K}[\boldsymbol{r}] + \mathcal{D}[\boldsymbol{r}]^{\cdot} + \mathcal{M}[\boldsymbol{r}]^{\cdot\cdot} = 0\,, \qquad [\ldots]^{\cdot} = \frac{\mathrm{d}}{\mathrm{d}t}[\ldots] \tag{1}$$

besitzen, wobei in den Matrizenoperatoren

$$\mathcal{K} = \sum_{i=0}^{m} \{K_i(x)\,[\ldots]^{(i)} + \overline{K}_{i1}(x)\,[\ldots]^{(i-1)}\}^{(i)} + $$
$$+ \{\overline{K}_{i2}(x)\,[\ldots]^{(i)}\}^{(i-1)}\,, \qquad [\ldots]^{(i)} = \frac{\mathrm{d}^i}{\mathrm{d}x^i}[\ldots]\,, \qquad m \geqq 2n$$

$$\mathcal{D} = \sum_{i=0}^{m} \{D_i(x)\,[\ldots]^{(i)}\}^{(i)}\,, \quad \mathcal{M} = \sum_{i=0}^{n} \{M_i(x)\,[\ldots]^{(i)}\}^{(i)}$$

Summen von von der Zeit t unabhängigen, i-mal stetig nach der Ortskoordinate x differenzierbaren Koeffizientenmatrizen auftreten. Auch die Randbedingungen sollen linear sein und das Skalarprodukt

$$[\boldsymbol{r}(x_k, t)]^{(j)\,T}\,\mathcal{L}_{Rjk}([\boldsymbol{r}(x_k, t)]) =$$
$$= [\boldsymbol{r}(x_k, t)]^{(j)\,T}\,\{\mathcal{K}_{Rjk}[\boldsymbol{r}(x_k, t)] + \mathcal{D}_{Rjk}[\boldsymbol{r}(x_k, t)]^{\cdot} +$$
$$+ \mathcal{M}_{Rjk}[\boldsymbol{r}(x_k, t)]^{\cdot\cdot}\} = 0 \tag{2}$$

mit

$$\mathcal{K}_{Rjk} = \sum_{i=j+1}^{m} \{K_i(x_k)\,[\ldots]^{(i)} + \overline{K}_{i1}(x_k)\,[\ldots]^{(i-1)}\}^{(i-j-1)} +$$
$$+ \sum_{i=j+2}^{m} \{\overline{K}_{i2}(x_k)\,[\ldots]^{(i)}\}^{(i-j-2)} + \sum_{i=0}^{m-1} (-1)^{j+k}\,K_{kji}[\ldots]^{(i)}\,,$$

$$\mathcal{D}_{Rjk} = \sum_{i=j+1}^{m} \{D_i(x_k)\,[\ldots]^{(i)}\}^{(i-j-1)} + (-1)^{j+k} D_{kj}[\ldots]^{(j)}\,,$$

$$\mathcal{M}_{Rjk} = \sum_{i=j+1}^{n} \{M_i(x_k)\,[\ldots]^{(i)}\}^{(i-j-1)} + (-1)^{j+k} M_{kj}[\ldots]^{(j)}\,,$$

$$k = 0, 1; \qquad j = 0, 1, \ldots, m-1$$

für jede Komponente von $[\boldsymbol{r}(x_k, t)]^{(j)}$ erfüllen. Die Massenmatrizen M_i und M_{kj} seien symmetrisch.

Als Beispiel sei ein unrunder, uniformer Euler-Stab nach Bild 1 mit der auf seine Länge l bezogenen Masse μ und den Hauptbiegesteifen EI_η und EI_ζ betrachtet, der mit konstanter Winkelgeschwindigkeit ω um seine Längsachse rotiere und beidseitig isotrop elastisch mit der Federkonstanten c_L gelagert sei. Für den Zustandsvektor erhält man dann bezüglich des mitrotierenden Systems die Koordinatenmatrix $[\boldsymbol{r}]^T = [v_\varphi, w_\varphi]$, als Koeffizientenmatrizen treten

$$K_2 = \begin{bmatrix} EI_\zeta & 0 \\ 0 & EI_\eta \end{bmatrix}, \qquad K_0 = \begin{bmatrix} -\mu\omega^2 & 0 \\ 0 & -\mu\omega^2 \end{bmatrix},$$

$$D_0 = \begin{bmatrix} 0 & -2\mu\omega \\ 2\mu\omega & 0 \end{bmatrix}, \quad M_0 = \begin{bmatrix} \mu & 0 \\ 0 & \mu \end{bmatrix}, \quad K_{k00} = \begin{bmatrix} c_L & 0 \\ 0 & c_L \end{bmatrix}$$

auf [2].

Das Interesse soll hier Lösungen obigen Randwertproblems gelten, die sich durch konvergente modale Reihen annähern lassen. Mit dem Separationsansatz $\boldsymbol{r}(x, t) = \boldsymbol{R}(x)\,\mathrm{e}^{\lambda t}$ erhält man

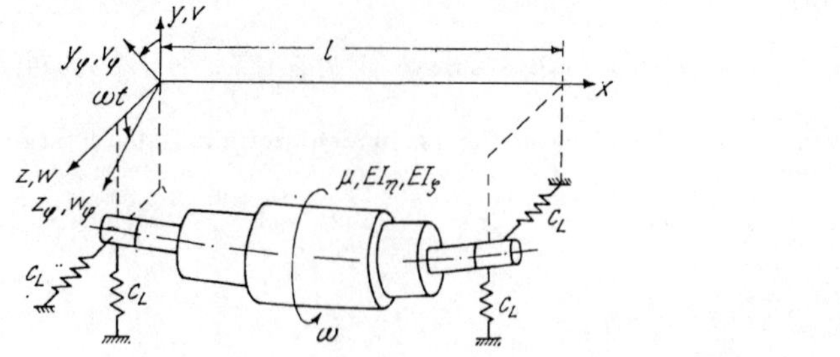

Bild 1. Rotormodell

aus (1), (2) die Eigenwertaufgabe

$$\mathcal{L}_\lambda([\boldsymbol{R}]) = (\mathcal{K} + \lambda\mathcal{D} + \lambda^2\mathcal{M})\,[\boldsymbol{R}] = 0\,,$$
$$[\boldsymbol{R}^{(j)}(x_k)]^T\,\mathcal{L}_{\lambda,\,Rjk}([\boldsymbol{R}(x_k)])$$
$$= [\boldsymbol{R}^{(j)}(x_k)]^T\,(\mathcal{K}_{Rjk} + \lambda\mathcal{D}_{Rjk} + \lambda^2\mathcal{M}_{Rjk})\,[\boldsymbol{R}(x_k)] = 0\,, \tag{3}$$
$$k = 0, 1; \qquad j = 0, 1, \ldots, m-1\,,$$

die gegenüber Collatz [1] wesentlich verallgemeinert ist. Über die Beziehung

$$\int_{x_0}^{x_1} [\tilde{\boldsymbol{R}}]^T\,\mathcal{L}_\lambda([\boldsymbol{R}])\,\mathrm{d}x \stackrel{!}{=} \int_{x_0}^{x_1} [\boldsymbol{R}]^T\,\tilde{\mathcal{L}}_\lambda([\tilde{\boldsymbol{R}}])\,\mathrm{d}x \tag{4}$$

läßt sich die zu (3) Adjungierte

$$\tilde{\mathcal{L}}_\lambda([\tilde{\boldsymbol{R}}]) = 0\,, \qquad [\tilde{\boldsymbol{R}}^{(j)}(x_k)]^T\,\tilde{\mathcal{L}}_{\lambda,\,Rjk}([\tilde{\boldsymbol{R}}(x_k)]) = 0\,; \tag{5}$$
$$\tilde{K}_i = K_i^T\,, \qquad \tilde{D}_i = D_i^T\,, \qquad \tilde{M}_i = M_i^T\,, \qquad \tilde{D}_{kj} = D_{kj}^T\,,$$
$$\tilde{M}_{kj} = M_{kj}^T\,, \quad \tilde{K}_{kji} = K_{kij}^T\,, \quad \tilde{\overline{K}}_{i1} = -\overline{K}_{i2}^T\,, \quad \tilde{\overline{K}}_{i2} = -\overline{K}_{i1}^T\,,$$
$$k = 0, 1; \quad j = 0, 1, \ldots, m-1$$

durch Produktintegration und Einsetzen der Randbedingungen herleiten. Sind (5) und (3) identisch, so ist das Eigenwertproblem selbstadjungiert, was in obigem Beispiel nur wegen $\tilde{D}_0 = D_0^T = -D_0$ verletzt ist.

Bildet man nun für den zum Eigenwert λ_k gehörenden Eigenfunktionenvektor $\boldsymbol{R}_k$ und dem zu λ_l gehörenden $\tilde{\boldsymbol{R}}_l$

$$\int_{x_0}^{x_1} \{[\tilde{\boldsymbol{R}}_l]^T\,\mathcal{L}_{\lambda_k}([\boldsymbol{R}_k]) - [\boldsymbol{R}_k]^T\,\tilde{\mathcal{L}}_{\lambda_l}([\tilde{\boldsymbol{R}}_l])\}\,\mathrm{d}x = 0\,, \tag{6}$$

so erhält man nach einiger Rechnung für $\lambda_k \neq \lambda_l$

$$\mathrm{d}([\tilde{\boldsymbol{R}}_l], [\boldsymbol{R}_k]) + g([\tilde{\boldsymbol{R}}_l], [\boldsymbol{R}_k]) + (\lambda_k + \lambda_l)\,m([\tilde{\boldsymbol{R}}_l], [\boldsymbol{R}_k]) = 0 \tag{7}$$

als verallgemeinerte Orthogonalitätsbeziehung für nichtselbstadjungierte Eigenwertprobleme. Die darin auftretenden Funktionale

$$\mathrm{d}([\tilde{\boldsymbol{R}}_l], [\boldsymbol{R}_k]) = \frac{1}{2}\left\{\int_{x_0}^{x_1} \sum_{i=0}^{m} (-1)^i\,[\tilde{\boldsymbol{R}}_l^{(i)}]^T\,(D_i + D_i^{T*})\,[\boldsymbol{R}_k^{(i)}]\,\mathrm{d}x + \right.$$
$$\left. + \sum_{p=0}^{1} \sum_{j=0}^{m-1} [\tilde{\boldsymbol{R}}_l^{(j)}(x_p)]^T\,(D_{pj} + D_{pj}^{T*})\,[\boldsymbol{R}_k^{(j)}(x_p)]\right\},$$

$$g([\tilde{\boldsymbol{R}}_l], [\boldsymbol{R}_k]) = \frac{1}{2}\left\{\int_{x_0}^{x_1} \sum_{i=0}^{m} (-1)^i\,[\tilde{\boldsymbol{R}}_l^{(i)}]^T\,(D_i - D_i^{T*})\,[\boldsymbol{R}_k^{(i)}]\,\mathrm{d}x + \right.$$
$$\left. + \sum_{p=0}^{1} \sum_{j=0}^{m-1} [\tilde{\boldsymbol{R}}_l^{(j)}(x_p)]^T\,(D_{pj} - D_{pj}^{T*})\,[\boldsymbol{R}_k^{(j)}(x_p)]\right\},$$

$$m([\tilde{\boldsymbol{R}}_l], [\boldsymbol{R}_k]) = \int_{x_0}^{x_1} \sum_{i=0}^{n} (-1)^i\,[\tilde{\boldsymbol{R}}_l^{(i)}]^T\,M_i[\boldsymbol{R}_k^{(i)}]\,\mathrm{d}x +$$
$$+ \sum_{p=0}^{1} \sum_{j=0}^{m-1} [\tilde{\boldsymbol{R}}_l^{(j)}(x_p)]^T\,M_{pj}[\boldsymbol{R}_k^{(j)}(x_p)]$$

erlauben eine Klassifizierung mechanischer Systeme, die der von Ziegler [3] auf synthetischem Wege vorgenommenen entspricht. So entstammt d dissipativen, g gyroskopischen Einflüssen. Für $n = m = 0$ wurde (7) schon von STRENKOWSKI/PILKEY [4] angegeben. Mit obigem Beispiel liegt ein gyroskopisches konservatives System vor.

Im weiteren seien alle Koeffizientenmatrizen reell. Mit dem Eigenwert λ_k und dem Eigenfunktionenvektor $\boldsymbol{R}_k$ sind dann auch die konjugiert komplexen λ_k^* und $\boldsymbol{R}_k^*$ Lösungen von (3). Für $\lambda_k \neq \lambda_l$ gilt dann analog zu (7)

$$\mathrm{d}([\tilde{\boldsymbol{R}}_l], [\boldsymbol{R}_k^*]) + g([\tilde{\boldsymbol{R}}_l], [\boldsymbol{R}_k^*]) + (\lambda_k^* - \lambda_l)\, m([\tilde{\boldsymbol{R}}_l], [\boldsymbol{R}_k^*]) = 0\,. \tag{8}$$

Die Existenz berechneter λ_k und $\boldsymbol{R}_k$ ist erst dann gesichert, wenn für mindestens ein Funktionenvektorpaar $\boldsymbol{P}(x)$ und $\boldsymbol{Q}(x)$ die Reihen

$$\begin{aligned} \boldsymbol{P}(x) &= \boldsymbol{r}(x, 0) = \sum_{k=\pm 1}^{\pm\infty} \tfrac{1}{2}\{a_k \boldsymbol{R}_k(x) + a_k^* \boldsymbol{R}_k^*(x)\}\,, \\ \omega_0 \boldsymbol{Q}(x) &= \dot{\boldsymbol{r}}(x, 0) = \sum_{k=\pm 1}^{\pm\infty} \tfrac{1}{2}\{a_k \lambda_k \boldsymbol{R}_k(x) + a_k^* \lambda_k^* \boldsymbol{R}_k^*(x)\} \end{aligned} \tag{9}$$

konvergieren. Mit $\boldsymbol{r}$ sind auch $\boldsymbol{P}(x)$ und $\boldsymbol{Q}(x)$ reellwertig, ω_0 ist eine Systemkonstante. Setzt man (9) in das Funktional

$$\mathrm{d}([\tilde{\boldsymbol{R}}_l], [\boldsymbol{P}]) + g([\tilde{\boldsymbol{R}}_l], [\boldsymbol{P}]) + \lambda_l m([\tilde{\boldsymbol{R}}_l], [\boldsymbol{P}]) + \omega_0 m([\tilde{\boldsymbol{R}}_l], [\boldsymbol{Q}])$$

ein, so erhält man für $\lambda_l \neq \lambda_k, \lambda_k^*$ die Entwicklungskoeffizienten zu

$$a_l = \frac{d([\tilde{\boldsymbol{R}}_l], [\boldsymbol{P}]) + g([\tilde{\boldsymbol{R}}_l], [\boldsymbol{P}]) + \lambda_l m([\tilde{\boldsymbol{R}}_l], [\boldsymbol{P}]) + \omega_0 m([\tilde{\boldsymbol{R}}_l], [\boldsymbol{Q}])}{d([\tilde{\boldsymbol{R}}_l], [\boldsymbol{R}_l]) + g([\tilde{\boldsymbol{R}}_l], [\boldsymbol{R}_l]) + 2\lambda_l m([\tilde{\boldsymbol{R}}_l], [\boldsymbol{R}_l])} \tag{10}$$

Die Eigenfunktionenvektoren $\boldsymbol{R}$ sind i. a. komplex. Für obiges Beispiel ergibt sich für $\lambda = i\beta$, β reell [5]:

$$\begin{aligned} [\boldsymbol{R}] &= \begin{bmatrix} V \\ iW \end{bmatrix} \\ &= \begin{bmatrix} 1 \\ ip \end{bmatrix} (A_1 \cosh \sigma_1 s + A_2 \sinh \sigma_1 s + A_3 \sin \sigma_1 s + A_4 \cos \sigma_1 s) + \\ &\quad + \begin{bmatrix} q \\ i \end{bmatrix} (B_1 \cosh \sigma_2 s + B_2 \sinh \sigma_2 s + B_3 \sin \sigma_2 s + B_4 \cos \sigma_2 s)\,, \end{aligned} \tag{11}$$

wobei die A_i und B_i, $i = 1 \to 4$ reelle Funktionen der Eigenformparameter σ_1 und σ_2 sind, die mit den Eigenwerten über

$$\omega_0^2 \sigma_{1,2}^4 = \frac{1}{1 - \varepsilon^2} \left[\beta^2 + \omega^2 \pm \sqrt{(\beta^2 + \omega^2)^2 - (1 - \varepsilon^2)(\beta^2 - \omega^2)^2}\right],$$

$$\omega_0^2 = \frac{E(I_\eta + I_\zeta)}{2\mu l^4}\,, \qquad \varepsilon = \frac{I_\eta - I_\zeta}{I_\eta + I_\zeta}$$

verknüpft sind. Weiterhin gilt

$$p = \frac{2\beta\omega}{\beta^2 + \omega^2 - \omega_0^2(1 + \varepsilon)\,\sigma_1^4}\,, \quad q = \frac{2\beta\omega}{\beta^2 + \omega^2 - \omega_0^2(1 - \varepsilon)\,\sigma_2^4}\,,$$

$$s = \frac{x}{l}\,.$$

Normiert man $\boldsymbol{R}_k$ über die Forderung

$$\left| \int_0^1 \left\{ V_k^2 + W_k^2 - 2\,\frac{\omega}{\beta_k}\, V_k W_k \right\} \mathrm{d}s \right| = 1\,, \tag{12}$$

so gilt mit $[\boldsymbol{P}]^T = [P_V, P_W]$, $[\boldsymbol{Q}]^T = [Q_V, Q_W]$:

$$\begin{aligned} a_l = \frac{1}{2} \int_0^1 \Bigg\{ &\left[V_l P_V - \frac{2\omega}{\beta_l}\, W_l P_V - \frac{\omega_0}{\beta_l}\, W_l Q_W \right] - \\ &- i \left[W_l P_W - \frac{2\omega}{\beta_l}\, V_l P_W + \frac{\omega_0}{\beta_l}\, V_l Q_V \right] \Bigg\} \mathrm{d}s\,. \end{aligned} \tag{13}$$

Wählt man speziell $[\boldsymbol{P}]^T = [0, s]$, $[\boldsymbol{Q}]^T = [0, 0]$, so bleibt die Konvergenz der Reihen

$$\begin{bmatrix} s \\ 0 \end{bmatrix} = \sum_{l=1}^{\infty} \left(\int_0^1 \left\{ W_l - \frac{2\omega}{\beta_l}\, V_l \right\} s\, \mathrm{d}s \right) \begin{bmatrix} W_l \\ \beta_l V_l \end{bmatrix} = \sum_{l=1}^{\infty} 2 i a_l \begin{bmatrix} W_l \\ \beta_l V_l \end{bmatrix} \tag{14}$$

zu fordern. Mit

$$\begin{aligned} i a_{2k-1} &\begin{bmatrix} W_{2k-1} \\ \beta_{2k-1} V_{2k-1} \end{bmatrix} = \\ &= \begin{bmatrix} 0 \\ \omega \end{bmatrix} \left[\frac{1 + \varepsilon}{(1 - \varepsilon)\,\varepsilon} (-1)^k \frac{\omega_L^2}{\omega_0^2} \frac{1}{\sigma_k^4} + O\left(\frac{1}{\sigma_k^5}\right) \right] U_k\,, \\ i a_{2k} &\begin{bmatrix} W_{2k} \\ \beta_{2k} V_{2k} \end{bmatrix} = \\ &= \begin{bmatrix} 1 \\ \omega\, \dfrac{1 + \varepsilon}{\varepsilon} \end{bmatrix} \left[-\frac{1}{1 + \varepsilon} (-1)^k \frac{\omega_L^2}{\omega_0^2} \frac{1}{\sigma_k^4} + O\left(\frac{1}{\sigma_k^5}\right) \right] U_k\,, \\ u_k &= \cos \sigma_k s - \sin \sigma_k s + \mathrm{e}^{-\sigma_k s} - (-1)^k \frac{\cosh \sigma_k s}{\cosh \sigma_k} + O\left(\frac{1}{\sigma_k^3}\right), \\ \sigma_k &= \frac{2k - 3}{2}\, \pi\,, \qquad k = n, n + 1, \dots, \infty\,; \qquad n \gg 1 \end{aligned} \tag{15}$$

sind dann nicht nur die Reihe

$$\boldsymbol{r}(x, t) = \sum_{k=\pm 1}^{\pm\infty} a_k \boldsymbol{R}_k(x)\, \mathrm{e}^{\lambda_k t}\,, \tag{16}$$

sondern auch ihre erste Zeitableitung und ihre ersten 3 Ortsableitungen konvergent. Berücksichtigt man für $\omega_L^2/\omega_0^2 = 100$, $\varepsilon = 1/3$ und $\omega/\omega_0 = 12$ die ersten 8 Glieder von (14), so wird dann auch nach Bild 2 $P_W = s$ schon recht gut angenähert.

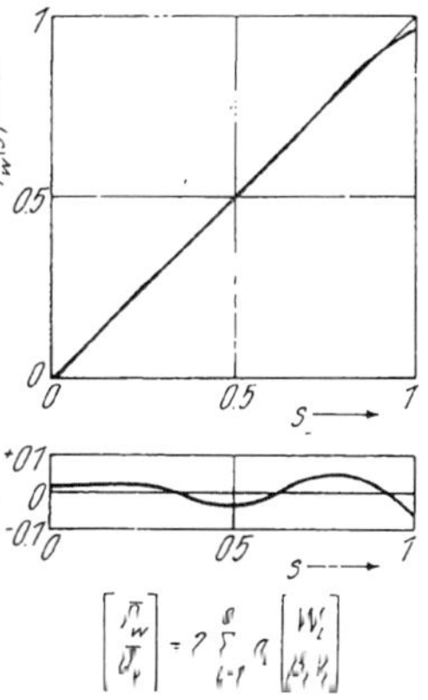

Bild 2. Modalanalyse

Literatur

1 COLLATZ, L., Eigenwertaufgaben mit technischen Anwendungen, 2. Aufl., Leipzig 1963.

2 KELKEL, K., Auswuchten elastischer Rotoren in isotrop federnder Lagerung, Hochschulverlag, Stuttgart 1978.

3 ZIEGLER, H., Principles of Structural Stability, Waltham, Mass.-Toronto-London: Blaisdell 1968.

4 STRENKOWSKI, J. / PILKEY, W., J. Appl. Mech. 45, 1978, S. 877–882.

5 ROGG, H., Biegeschwingungen eines unrunden, rotierenden EULER-Stabes in isotrop elastischer Lagerung, Diplom-Arbeit am Inst. f. Techn. Mechanik, Universität Karlsruhe, 1979.

Eingereicht am 22. 4. 1980

Anschrift: Dr.-Ing. K. KELKEL, Kaiserallee 123, D-7500 Karlsruhe 21, BRD

ZAMM 61, 64 – 65 (1981)

S. Falk

Einschließung von Eigenwerten und Eigenvektoren beliebiger Matrizen durch Kondensation

Herrn Prof. Dr. F. Weidenhammer zum 60. Geburtstag gewidmet

1. Begriff der Kondensation

Vorgelegt sei die Aufgabe

$$\boldsymbol{F}(\lambda)\,\boldsymbol{x} = \boldsymbol{0}; \quad \boldsymbol{x} \neq \boldsymbol{0}, \tag{1.1}$$

wo der Parameter λ in der quadratischen Matrix $\boldsymbol{F}$ der Ordnung n in beliebiger Form auftreten darf, also auch etwa gebrochen rational oder transzendent. Alle auftretenden Größen dürfen komplex sein.

Macht man aus den n Gleichungen (1.1) durch Linearkombination auf irgendeine geeignete Weise weniger als n Gleichungen, so wird dieser Vorgang als *Kondensation* bezeichnet.

2. Welche Möglichkeiten der Kondensation gibt es?

Gruppe I: Kondensation auf *eine* Gleichung.

Zerlegt man die Matrix $\boldsymbol{F}$ in zwei Summanden in der Art

$$\boldsymbol{F} = \boldsymbol{D} + \boldsymbol{R}, \tag{2.1}$$

wo $\boldsymbol{D}$ blockdiagonal und $\boldsymbol{R}$ der Rest ist, und geht zu quadratischen bzw. bilinearen Formen über, so werden sämtliche Eigenwerte der Aufgabe (1) simultan eingeschlossen. Für getrennt liegende Eigenwerte lassen sich auch die zugehörigen Eigenvektoren abschätzen.

Gruppe II: Kondensation auf *zwei* Gleichungen

Mit der Blockaufteilung

$$\boldsymbol{F}_{ll}\boldsymbol{x}_l + \boldsymbol{F}_{lr}\boldsymbol{x}_r = \boldsymbol{0}, \tag{2.2}$$

$$\boldsymbol{F}_{rl}\boldsymbol{x}_l + \boldsymbol{F}_{rr}\boldsymbol{x}_r = \boldsymbol{0} \tag{2.3}$$

schreibt sich die Gleichung (1) als System von zwei Teilgleichungen der Ordnung l bzw. r, wo $l + r = n$ ist, und hier unterscheiden wir:

IIa) Kondensation *mit* vorheriger Elimination

Dies führt auf die Gleichung

$$(\boldsymbol{F}_{ll} - \boldsymbol{F}_{lr}\boldsymbol{F}_{rr}^{-1}\boldsymbol{F}_{rl})\,\boldsymbol{x}_l = \boldsymbol{0} \tag{2.4}$$

anstelle von (3), während in der Gruppe

IIb) Kondensation *ohne* Elimination

die Gleichungen (3) und (4) erhalten bleiben.

In beiden Fällen entstehen zwei lineare homogene Gleichungen der Art

$$\begin{bmatrix} k_{11} & k_{12} \\ k_{21} & k_{22} \end{bmatrix} \begin{bmatrix} \boldsymbol{x}_l^*\boldsymbol{N}_l\boldsymbol{x}_l \\ \boldsymbol{x}_r^*\boldsymbol{N}_r\boldsymbol{x}_r \end{bmatrix} = \begin{bmatrix} 0 \\ 0 \end{bmatrix}, \tag{2.5}$$

wobei in der Gruppe IIa infolge der Elimination das Element k_{12} verschwindet. Die reguläre (am besten Hermitesche und positiv definite) Normierungsmatrix

$$\boldsymbol{N} = \begin{bmatrix} \boldsymbol{N}_l & \boldsymbol{0} \\ \boldsymbol{0} & \boldsymbol{N}_r \end{bmatrix} \tag{2.6}$$

ist im Prinzip willkürlich wählbar (z. B. auch $\boldsymbol{N} = \boldsymbol{I}$); speziell für die Matrix $\boldsymbol{F}(\lambda) = \boldsymbol{A} - \lambda\boldsymbol{B}$ wählt man $\boldsymbol{N}_l = \boldsymbol{B}_{ll}$ und $\boldsymbol{N}_r = \boldsymbol{B}_{rr}$, wo $\boldsymbol{B}_{ll}$ und $\boldsymbol{B}_{rr}$ die Hauptminoren von $\boldsymbol{B}$ sind. Die Elemente k_{ij} sind je nach Vorgehensweise Bilinearformen, quadratische Formen (im allgemeinen beide komplex), indefinite Hermitesche Formen, oder schließlich definite Hermitesche Formen (letztere beiden reell), in dieser Reihenfolge mit steigendem Rechenaufwand, aber auch steigender Güte der Einschließung.

Bei allen Sätzen dieser Gruppe II dient jeweils die erste der beiden Gleichungen (6) der Einschließung von Eigenwerten, die zweite der Einschließung von Eigenvektoren.

Gruppe III: Kondensation auf mehr als zwei Gleichungen

Hier geht man analog wie in II vor; besonders vorteilhaft ist die Blockaufteilung $1 + (n - 2) + 1 = n$ für den Fall, daß zwei einzelne Eigenwerte an den Rändern des Spektrums einzuschließen sind.

3. Drei Sätze ohne Beweis

Auf die geschilderte Weise lassen sich eine Reihe recht interessanter und brauchbarer Sätze gewinnen, sofern man äußere Schranken (bzw. Gebiete in der komplexen Zahlenebene) kennt, wozu im allgemeinen als schärfste aber auch aufwendigste Norm die Spektralnorm herangezogen wird. Ohne auf die zum Teil langwierigen Beweismethoden einzugehen — im wesentlichen sind dazu Sätze aus der Theorie der Hypermatrizen erforderlich, siehe zum Beispiel [6] — seien hier einige Ergebnisse mitgeteilt.

3.1. Gruppe I

Der Diagonalsatz: *Es sei speziell*

$$\boldsymbol{F}(\lambda) = \boldsymbol{A} - \lambda\boldsymbol{I} \tag{3.1}$$

mit einer beliebigen reellen oder komplexen quadratischen Matrix $\boldsymbol{A}$. *Mit der Aufteilung*

$$\boldsymbol{F}(\lambda) = \boldsymbol{D}(\lambda) + \boldsymbol{R}, \tag{3.2}$$

wo $\boldsymbol{D}$ *die Matrix der Diagonalelemente und* $\boldsymbol{R}$ *die Restmatrix*

$$\boldsymbol{R} := \boldsymbol{A} - \operatorname{diag}\langle a_{ii}\rangle \tag{3.3}$$

ist, gilt mit der Spektralnorm

$$\delta := \|\boldsymbol{A}\| = H(\boldsymbol{A}) \tag{3.4}$$

nach [2] *die Einschließung*

$$|a_{ii} - \lambda_i| \leq \delta; \quad i = 1, 2, \ldots, n. \tag{3.5}$$

In Worten: Die Vereinigungsmenge der n Kreise mit den Mittelpunkten a_{ii} und dem gemeinsamen Radius δ enthält alle n Eigenwerte des Matrizenpaares $\boldsymbol{A}$; $\boldsymbol{I}$.

Eine ganz ähnliche Aussage macht der Satz von Gerschgorin [4], allerdings mit verschiedenen Radien ϱ_i für die Spalten bzw. ϱ_i für die Zeilen der Matrix $\boldsymbol{A}$. Wie zahlreiche Beispiele zeigen, sind einige dieser Radien größer, einige kleiner als δ; somit wird die Einschließung von Gerschgorin durch den Satz (3.5) verbessert.

Verschiebt man das gesamte Spektrum um eine komplexe (oder reelle) Zahl σ, so gehen die Mittelpunkte a_{ii} in $a_{ii} + \sigma$ über, wobei der Radius δ sich ändert, und nun kann man σ so bestimmen, daß $\delta(\sigma)$ minimal wird.

3.2. Gruppe IIa

Kondensation *mit* Elimination: *Vorgelegt sei das Hermitesche Paar*

$$\boldsymbol{F}(\lambda) = \boldsymbol{A} - \lambda\boldsymbol{B}; \quad \boldsymbol{A}^* = \boldsymbol{A}, \quad \boldsymbol{B}^* = \boldsymbol{B} \text{ positiv definit}, \tag{3.6}$$

mit n reellen, der Größe nach geordneten Eigenwerten

$$\lambda_1 \leq \lambda_2 \leq \lambda_3 \leq \ldots \leq \lambda_n. \tag{3.7}$$

Die Blockaufteilung $l = 1$, $r = n - 1$ *macht aus* (2.2) *und* (2.3)

$$\boldsymbol{F}(\lambda) = \begin{bmatrix} a_{11} - \lambda b_{11} & \boldsymbol{p}^* - \lambda\boldsymbol{q}^* \\ \boldsymbol{p} - \lambda\boldsymbol{q} & \boldsymbol{A}_{rr} - \lambda\boldsymbol{B}_{rr} \end{bmatrix}, \tag{3.8}$$

wo auch $\boldsymbol{A}_{rr}$ *und* $\boldsymbol{B}_{rr}$ *Hermitesch sind;* $\boldsymbol{B}_{rr}$ *ist überdies positiv definit*, was aus (3.6) folgt.

Für die Eigenwerte σ_i der Untermatrix

$$\det(\boldsymbol{A}_{rr} - \sigma\boldsymbol{B}_{rr}) = 0 \to \sigma_1 \leq \sigma_2 \leq \ldots \leq \sigma_{n-1} \tag{3.9}$$

seien nun äußere Schranken s und S bekannt

$$s \leq \sigma_1 \leq \sigma_{n-1} \leq S, \tag{3.10}$$

und außerdem gelte

$$\frac{a_{11}}{b_{11}} =: R < s, \tag{3.11}$$

wo R der Rayleigh-Quotient, gebildet mit dem Einheitsvektor $\boldsymbol{e}_1$ zum Matrizenpaar (3.6) ist. Die beiden durch die Werte R, S und s festgelegten Parabeln

$$p_S(\lambda) := (R - \lambda)(S - \lambda), \tag{3.12}$$

$$p_s(\lambda) := (R - \lambda)(s - \lambda) \tag{3.13}$$

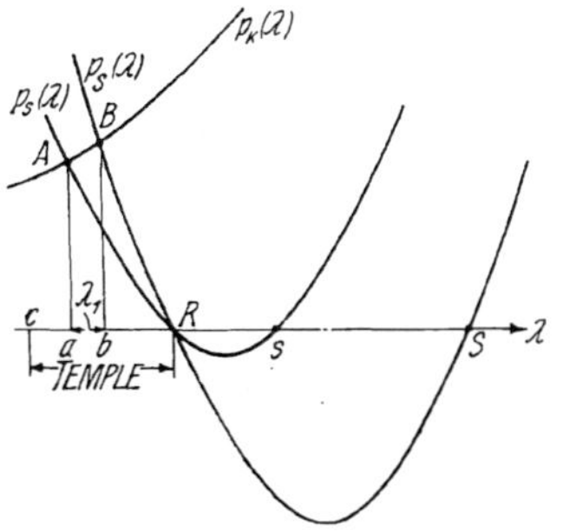

Bild 1 Schnittpunkte A und B zweier durch R gehender Parabeln mit einer dritten Parabel

schneiden nun nach Bild 1 die durch die Ränder der Matrix (3.8) festgelegte Parabel

$$p_k(\lambda) := (\boldsymbol{p}^* - \lambda \boldsymbol{q}^*)(\boldsymbol{p} - \lambda \boldsymbol{q}) \tag{3.14}$$

in zwei Punkten A und B, deren Abszissen a und b seien; dann gilt für den kleinsten Eigenwert λ_1 die Einschließung

$$a \leqq \lambda_1 \leqq b\,, \tag{3.15}$$

und Entsprechendes läßt sich für den größten Eigenwert λ_n zeigen. Es ist überraschend, daß der Einschließungsbereich den RAYLEIGH-Quotienten R selbst nicht enthält. Der Satz von TEMPLE [7] liefert übrigens anstelle von (3.15)

$$c \leqq \lambda_1 \leqq R\,, \tag{3.16}$$

und diese Schranken sind stets schlechter, siehe dazu Bild 1.

Eine hübsche Besonderheit ist die folgende: ist speziell

$$\boldsymbol{A}_{rr} = \sigma \boldsymbol{B}_{rr}\,, \tag{3.17}$$

so wird

$$\sigma_1 = \sigma_2 = \ldots = \sigma_{n-1} = \sigma\,. \tag{3.18}$$

Wählt man nun $s = S = \sigma$, so fallen die beiden Parabeln (3.12) und (3.13) zusammen, also wird mit $A = B$ auch $a = b$, somit gilt nach (3.15) *exakt* $a = \lambda_1 = b$ bei *beliebig großem* Rand $\boldsymbol{p} - \lambda \boldsymbol{q}$ in der Matrix (3.8).

3.3 Gruppe IIb

Kondensation *ohne* Elimination: *Wieder sei wie in* (3.1)

$$\boldsymbol{F}(\lambda) = \boldsymbol{A} - \lambda \boldsymbol{I} \tag{3.19}$$

mit beliebiger Matrix $\boldsymbol{A}$. *Mit der Blockaufteilung* $l = 1, r = n - 1$ *wird die Matrix*

$$\boldsymbol{A} = \begin{bmatrix} a_{11} & \boldsymbol{t}^T \\ \boldsymbol{s} & \boldsymbol{R} \end{bmatrix}. \tag{3.20}$$

Linkseigenvektor $\boldsymbol{x}_1$ *und Rechtseigenvektor* $\boldsymbol{y}_1$ *teilen wir entsprechend auf*

$$\boldsymbol{x}_1 = \begin{bmatrix} 1 \\ \hat{\boldsymbol{x}} \end{bmatrix}, \quad \boldsymbol{y}_1 = \begin{bmatrix} 1 \\ \hat{\boldsymbol{y}} \end{bmatrix}, \tag{3.21}$$

dann gelten die beiden Ungleichungen

$$a_{11} - \lambda_1 \leqq \sqrt{\boldsymbol{t}^*\boldsymbol{t}}\,\sqrt{\hat{\boldsymbol{x}}^*\hat{\boldsymbol{x}}}\,, \tag{3.22}$$

$$a_{11} - \lambda_1 \leqq \sqrt{\boldsymbol{s}^*\boldsymbol{s}}\,\sqrt{\hat{\boldsymbol{y}}^*\hat{\boldsymbol{y}}}\,. \tag{3.23}$$

Wenn in der Matrix (3.20) die Spalte $\boldsymbol{s}$ verschwindet, so ist $\boldsymbol{e}_1$ Eigenvektor zum Eigenwert $\lambda_1 = a_{11}$, mithin verschwindet in (3.21) der Rest $\hat{\boldsymbol{x}}$, und damit gilt nach (3.22) $\lambda_1 = a_{11}$ *exakt* unabhängig von der Zeile $\boldsymbol{t}^T$, wie es sein muß.

Andererseits: verschwindet in (3.20) die Zeile $\boldsymbol{t}^T$, so folgt aus (3.22) ebenfalls $\lambda_1 = a_{11}$, ohne daß über den Rechtseigenvektor etwas ausgesagt würde. Bei Anwendung der Formel (3.23) liegen die Verhältnisse gerade umgekehrt.

Sind die Ränder der Matrix (3.20) beide schwach besetzt, so kommt man zu brauchbaren Einschließungen, indem zunächst die Reste $\hat{\boldsymbol{x}}$ bzw. $\hat{\boldsymbol{y}}$ der Eigenvektoren (3.21) und damit nach (3.22) bzw. (3.23) der zugehörige Eigenwert λ_1 abgeschätzt werden. Die weitere Vorgehensweise hängt davon ab, wie die Restmatrix $\boldsymbol{R}$ in (3.20) ihrerseits aufgeteilt wird.

Ist nun eine Matrix $\boldsymbol{A}$ vorgegeben und kennt man eine Näherung für einen Links- und/oder Rechtseigenvektor, so führt eine einfache Transformation auf die Form (3.20); die Ränder sind dann umso schwächer besetzt, je besser die Näherung war.

4. Zusammenfassung

Fast alle bekannten Einschließungssätze lassen sich der Beweismethodik nach in zwei Klassen einteilen:

Erste Klasse: Es wird die Diagonalkongruenz normaler Matrizenpaare benutzt; darauf beruht beispielsweise der Satz von KRYLOV-BOGOLJUBOV [5], der sich nach [1] auf parameternormale Matrizentupel verallgemeinern läßt, oder auch der schärfere Satz von TEMPLE [7] für den Fall, daß einzelne Eigenwerte isolierbar sind.

Zweite Klasse: Mit Hilfe einer geeigneten Norm wird die nicht transformierte Matrix selbst betrachtet, so etwa bei GERSCHGORIN [4].

Der hier gezeigte Zugang über die Kondensation benutzt die koppelnde Eigenschaft gewisser Randteile von Matrizen, bei deren Fehlen das Spektrum exakt in Einzelspektren zerfallen würde. Bei Matrizenpaaren werden mit der Aufteilung $n = l + r$ l bzw. r Eigenwerte simultan eingeschlossen, wobei es natürlich nur sinnvoll ist, den kleineren der beiden Werte von l und r zu wählen. So geht man beispielsweise stets vor, wenn l Eigenwerte mehrfach oder so dicht benachbart sind, daß sie sich praktisch nicht trennen lassen. Der wesentliche Vorteil der hier gezeigten Vorgehensweise besteht darin, daß die Matrix $\boldsymbol{F}(\lambda)$ den Parameter λ in beliebiger Weise enthalten darf, etwa in transzendenter Form $\cos \lambda$, $\sinh \lambda$, e^λ usw., und dies ist zum Beispiel bei der Mechanik der Kontinua der Fall (Knicken, Schwingen, Beulen usw.). Die unendlich vielen Eigenwerte bestimmen sich dann aus einer Gleichung der Form (1.1), wobei die Ordnung n der Matrix $\boldsymbol{F}(\lambda)$ abhängt von der Anzahl der Feldgrenzen bzw. Knoten des Tragwerkes und von der Anzahl der mitgeführten konjugierten Paare (Kraftgröße; Weggröße), von denen es maximal sechs gibt. Außerdem hängt die Ordnung ab von dem gewählten Verfahren; sie ist wesentlich größer beim Eliminationsverfahren (Kraftgrößenverfahren bzw. Weggrößenverfahren) als beim Reduktionsverfahren (Verfahren der Übertragungsmatrizen).

5. Literatur

1 *Falk, S.*, Der Satz von *Krylov-Bogoljubov* für parameternormale Matrizentupel, ZAMM **60** (1980) 3, 171–173

2 *Falk, S.*, Der Diagonalsatz, ein weitreichender Satz für die simultane Einschließung von Eigenwerten beliebiger Matrizen, SIMON STEVIN, Gent (im Druck)

3 *Falk, S.*, Einschließung von Eigenwerten und Eigenvektoren *hermitescher* Matrizenpaare, ACTA MECH. (in Vorbereitung)

4 *Gerschgorin, S.*, Über die Abgrenzung der Eigenwerte einer Matrix, Bull. Acad. Sci. Leningrade **1931**, 749–755

5 *Krylov*; *Bogoljubov*, Bull. Acad. Sci. URSS, Classe phys. math., Leningrade **1929**

6 *Rozsa, P.*, Linearis algebra és alkalmazásai. Verlag Müszaki Könyvkiadó, Budapest 1974 (Englische Ausgabe in Vorbereitung)

7 *Temple, G.*, Proc. London. math. Soc., Ser. II **29**, (1929), 257–280.

Eingereicht: 12. 6. 1980

Anschrift: Prof. Dr.-Ing. S. FALK, Mechanik-Zentrum der Technischen Universität, D-3300 Braunschweig, BRD

BUCHBESPRECHUNGEN

Wait, R., The Numerical Solution of Algebraic Equations. A Wiley-Interscience Publication. Chichester-New York-Brisbane-Toronto, John Wiley & Sons 1979. X, 158 S., 18 Abb., 12 Tab., £ 7,50. ISBN 0-471-99755-2

Die in den letzten Jahren erschienenen Monographien zum Problemkreis „Numerische Lösung endlichdimensionaler linearer und nichtlinearer Gleichungen" — für den nichtlinearen Teil etwa das Standardwerk von Ortega/Rheinboldt aus dem Jahre 1970 oder die 1979 erschienene Monographie des Gutachters — sind weniger geeignet, einen mit bescheidenen mathematischen Kenntnissen ausgerüsteten Leser in kurzer Zeit in die genannten Gebiete einzuführen. Dieses Ziel stellt sich dagegen das vorliegende, als ausgesprochen einführender Text konzipierte Lehrbuch, das an Studenten der Mathematik, Natur- und Ingenieurwissenschaften der unteren Studienjahre adressiert ist, dabei aber den Anspruch erhebt, den modernen Entwicklungsstand zumindest exemplarisch zu vermitteln.

Zum Inhalt: 1. Einführung (mit Anwendungsbeispielen), 2. Direkte Methoden für lineare Gleichungssysteme (Gaussscher Algorithmus und verwandte Verfahren), 3. Orthogonale Faktorisierung (originale und quadratwurzelfreie Givens-Transformation), 4. Techniken für schwach besetzte Matrizen (Kompaktspeicherung, Pivotstrategien, Vorbehandlungstechniken), 5. Ein-Punkt-Iterationsverfahren (Kontraktionssatz und Anwendungen im Ein- und Mehrdimensionalen, Interpolationsverfahren, Newton- und Brown-Verfahren für nichtlineare Systeme), 6. Mehrschrittverfahren (Interpolationsverfahren, monotone Einschließung, Pegasus-Verfahren), 7. Nichtlineare Gleichungssysteme (Sekantenverfahren, Quasi-Newton-Verfahren einschl. Aufdatierung von QR-Faktorisierungen, Gauss-Newton- und Levenberg-Marquardt-Verfahren), 8. Andere Methoden (u. a. Mehrstufen und Einbettungsverfahren), 9. Vergleich von Verfahren (Ostrowski-Effektivität).

Man muß dem Autor bescheinigen, daß er sein Ziel weitgehend erreicht hat: Der Text ist methodisch gut aufbereitet, der formal-mathematische Apparat wird i. a. nur so weit wie nötig eingesetzt, damit wird der Gefahr entgangen, den Leser durch ein Übermaß an technischen Details abzuschrecken, was leider in vielen — besonders deutschsprachigen — Einführungen zur Numerik der Fall ist. Die Stoffauswahl ist zwar beschränkt, erfaßt aber die wesentlichen Gebiete. Gewisse Abstriche an Verständlichkeit sind im Abschnitt über die quadratwurzelfreie Givens-Transformation sowie im Kapitel über schwach besetzte Matrizen zu machen; dort dürfte der naive Leser doch etwas überfordert sein. Das Literaturverzeichnis weist den Autor als zum United Kingdom gehörig aus; aus den übrigen Teilen der Welt sind kaum Arbeiten zitiert. Alles in allem ein gutes und nützliches Buch, dem man eine größere Verbreitung wünschen möchte und das außer zum einführenden Lesen auch gut als Grundlage für entsprechende Teile von anwendungsorientierten Mathematikkursen für Ingenieure und Naturwissenschaftler dienen kann.

Halle H. Schwetlick

Kerner, I. O. (Hrsg.), Revidierter Bericht über die Sprache ALGOL 68, herausgegeben von A. van Wijngaarden, B. J. Mailloux, J. E. L. Peck, C. H. A. Koster, M. Sintzoff, C. H. Lindsey, L. T. Meertens und R. G. Fisker. Elektronisches Rechnen und Regeln, Sonderband 27. Berlin, Akademie-Verlag 1978. X, 249 S., 49,— M., Best.-Nr. 7621082 (6258)

Die deutsche Übersetzung des 1975 erschienenen englischsprachigen revidierten Berichtes über die Programmierungssprache ALGOL 68 liegt nunmehr ebenso wie die der ersten Fassung in Buchform vor. Es ist zu hoffen, daß diese Übersetzung dazu beiträgt, den durch die Entwicklung von ALGOL 68 gekennzeichneten Abschnitt in der historischen Entwicklung der Programmierungssprachen auch dem nichtspezialisierten Leser deutlich zu machen. Dieser Abschnitt wird durch eine weitgehende Präzisierung der Definition von Programmierungssprachen charakterisiert, die in der Zwischenzeit weiter fortgeschritten ist. Durch die konsequente Verwendung einer zweistufigen Grammatik wurde hier erstmalig eine präzise Definition einer als Programmierungssprache geeigneten formalen Sprache — nicht nur einer kontextfreien Obersprache — verwirklicht. Allerdings würde man vom heutigen Standpunkt aus wünschen, daß eine derartige Darstellung in den in der Mathematik und insbesondere in der Theorie der formalen Sprachen üblichen Begriffsrahmen eingebettet ist.

Die Übersetzung des ALGOL 68-Berichtes ist eine komplizierte Arbeit, die vom Übersetzer stärkste Konzentration verlangt. Es war nicht zu erwarten, daß hier allen Wünschen auf eine Verdeutlichung des schwierig zu lesenden englischen Textes Rechnung getragen werden konnte, zumal bei einer derartigen Übersetzung Zusätze und Korrekturen auf ein Minimum beschränkt werden müssen. Den Bemühungen der Übersetzer und des Herausgebers ist zu danken, daß eine weitgehend akzeptable Lösung dieses schwierigen Problems erreicht wurde.

Die im Bericht dargestellte revidierte Sprache ALGOL 68 hat sich gegenüber der ursprünglichen Fassung nur wenig geändert. Sie dürfte, bedingt durch die Allgemeinheit ihrer Konzepte, eine universelle Programmierungssprache sein, die der Forderung nach einer präzisen ohne viele Ausnahmeregeln definierten maschinenunabhängigen Interpretation entsprechen kann und für vielfältige Anwendungsgebiete einsetzbar ist Hierfür geben die im Bereicht enthaltenen Beispiele Anhalts punkte. Insgesamt stellt das vorliegende Buch eine wichtige Bereicherung des Literaturangebotes auf dem Gebiet der Programmierungssprachen dar.

Leipzig K.-H. Bachmann

Boulaye, G. G., Microprogramming, München, Carl Hanser Verlag 1975. 158 S., DM 32,—. SFr. 40.80.

Das vorliegende Buch enthält eine Einführung in die Technik der Mikroprogrammierung. Mikroprogrammierte Anlagen sind besonders vielseitig, da die für den Nutzer erkennbare Maschinenstruktur durch Erweiterung oder Auswechslung von Mikroprogrammen verändert werden kann. Im Buch wird ausführlich erläutert, wie herkömmliche Maschinenbefehle durch Mikroprogramme dargestellt werden können und welche technischen Hilfsmittel zur Speicherung von Mikroprogrammen geschaffen wurden. Ausführlich wird dabei auf den Aufbau der Mikrobefehle eingegangen, und es wird erläutert, welche Auswirkungen die Technik der Mikroprogrammierung auf die Rechnerarchitektur hat. Speziell wird dabei diskutiert, wie Betriebssysteme mit derartigen Hilfsmitteln gestaltet werden können. Hierbei kann die Einführung eines mikroprogrammierten inneren Rechners im Steuerwerk einer Rechenanlage hilfreich sein. Ein abschließendes Kapitel ist dem Einsatz der Mikroprogrammierung in der Emulation gewidmet. Emulation ist ein Hilfsmittel zur Rechnerentwicklung, wobei neue Rechnerstrukturen auf einer vorhandenen Anlage simuliert werden. Das Buch ist eine übersichtliche und gut lesbare, durch viele Beispiele von Mikroprogrammen ergänzte Darstellung dieses für die weitere Entwicklung von Datenverarbeitungsanlagen wichtigen Gebietes.

Leipzig K.-H. Bachmann

Schwarz, H. R., Methode der finiten Elemente. Teubner Studienbücher Mathematik — LAMM 47. Stuttgart, B. G. Teubner 1980. 320 S., DM 29,80. ISBN 3-519-02349-0

Der Autor ist durch zahlreiche Veröffentlichungen zu Problemen der numerischen Mathematik bekannt; besonderer Anerkennung erfreut sich die 1968 im gleichen Verlag erschienene, von ihm verfaßte „Numerik symmetrischer Matrizen". Im vorliegenden Bande wird nun das in den letzten beiden Jahrzehnten zur Lösung von Kontinuumsproblemen am häufigsten angewandte Verfahren dargestellt.

Das Buch gliedert sich in sechs Kapitel. Im ersten werden einige typische ein- und zweidimensionale Probleme aus Physik und Technik wiedergegeben. Die Grundlagen der Elastomechanik und die direkten Methoden der Variationsrechnung werden dabei kurz behandelt, bevor das grundsätzliche Vorgehen bei Anwendung der Methode der finiten Elemente beschrieben wird. Die Lösungen der ausgewählten Aufgaben sind mit Angaben über Elementeinteilungen und über numerische Resultate im letzten Kapitel zusammengefaßt worden. Im zweiten Kapitel werden für einzelne Elementtypen die zugehörigen Elementmatrizen entwickelt. Die übersichtlichen, durch Einrahmung hervorgehobenen Tabellen können gleichzeitig als sehr nützliche Formelsammlung angesehen werden. Spezielle Abschnitte sind im zweiten wie im ersten Kapitel den Scheiben- und Plattenproblemen gewidmet. Im dritten Kapitel wird beim Aufbau der Gesamtmatrizen den Algorithmen für eine optimale Numerierung der Knotenvariablen besondere Beachtung geschenkt; auch die Elimination von inneren Knotenvariablen wird ausführlich dargestellt.

Ein Drittel des Buches ist den numerischen Verfahren der linearen Algebra für große Systeme vorbehalten. Das vierte Kapitel enthält Methoden zur Lösung linearer Gleichungssysteme mit symmetrischen Band- und Skylinematrizen. Speziell werden dann noch die Frontlösungsmethode, die Blockeliminationsmethode, die Methode der konjugierten Gradienten und die Methode der Überrelaxation behandelt; abschließend wird auf Möglichkeiten zur Konditionsverbesserung eingegangen. Von den Methoden zur Behandlung von Eigenwertaufgaben werden im fünften Kapitel Vektoriteration, Bisektionsmethode und die Methode der Koordinatenüberrelaxation entsprechend ihrer Bedeutung für große symmetrische Matrizen ausführlich dargestellt. Programmierte Algorithmen findet man im vorliegenden Bande im Gegensatz zur „Numerik symmetrischer Matrizen" des gleichen Verfassers nicht. Die aufbereiteten Algorithmen sind aber in Tabellenform oder als Flußbilder angegeben.

Dieses Studienbuch enthält also neben der Methode der finiten Elemente auch die zugehörige Numerik in übersichtlicher Darstellung bei relativ geringer Seitenzahl. Verständlicherweise war es nicht möglich, auch noch auf die Spannungsberechnung bei elastomechanischen Aufgaben ausführlicher einzugehen. Auf den Seiten 123 und 124 wird nur kurz angegeben, wie Spannungsmittelwerte für Scheibenelemente berechnet werden können. Es sei in diesem Zusammenhange erwähnt, daß eine alternative Methode für die Spannungsberechnung in Punkten auf Elementrändern von L. Busse entwickelt und als VDI-Fortschritt-Bericht Nr. 19 in Reihe 4 sowie in der ZAMM **52** (1972) T125—127 veröffentlicht worden ist.

Insgesamt kann festgestellt werden, daß dieses neue Buch von H. R. Schwarz der „Numerik symmetrischer Matrizen" gleichwertig an die Seite tritt, da in ihm tatsächlich eine elementare und auf die praktische und effiziente Durchführung ausgerichtete einführende Darstellung der Methode der finiten Elemente gelungen ist. Kein anderes Buch ist wohl gegenwärtig zur Einarbeitung in dieses Gebiet geeigneter.

Berlin L. Knöfel

Lippmann, H. (Hrsg.), Metal Forming Plasticity. Symposium Tutzing/Germany August 28—September 3, 1978. Unter Zusammenarbeit mit W. Johnson / H. Kudo / G. S. Pisarenko / W. Szczepinski. International Union of Theoretical and Applied Mechanics (IUTAM). Berlin-Heidelberg-New York, Springer-Verlag 1979. XV, 403 S., 188 Abb., 13 Tab., DM 68,—, US $ 37,40. ISBN 3-540-09429-6

In the book under review are printed, in excellent graphical conditions, all the papers presented at the IUTAM Symposium on Metal Forming Plasticity, held under the chairmanship of Prof. H. Lippmann. In all 25 lectures have been presented at the Symposium. Generally they are devoted to new directions of research as: flow of material and properties of the product, residual stresses, limits and defects of deformation, optimization of the tool geometry as related to material properties, friction and speed, extension of analytical or numerical methods, improvement of the constitutive equations, progress in experimental techniques etc. The book contains the following papers:

J. L. Bassany, J. W. Hutchinson and K. W. Neale "On the Prediction of Necking in Anisotropic Sheets". A. Baltov, N. Bontcheva, R. Kazandjiev, I. Radovanov, St. Vodenicharov "On the Theoretical and Experimental Description of the Mechanical Behaviour of Metals during Metal Forming Processes". R. A. C. Slater "Spin-Forging of Sheet Metal Cones Having Various Cone Angles from 70/30 Brass and Commercially Pure Aluminium". K. Saito and Y. Shimahashi „Residual Stresses in Deep Drawn Cups and Sunk Tubes". B. Kaftanoğlu "On the Complete Numerical Solution of the Axisymmetrical Deep-Drawing Problem". T. Bednarski "Application of the Stereophotogrammetric Methods to the Analysis of the Kinematics and Dynamics of Shells". P. Le Nevez "Finite deformation in local coordinates and application to a deepdrawing problem". O. Bruhns and Th. Lehmann "Optimum Deformation Rate in Large Inelastic Deformations". N. Cristescu and S. Cleja "New Trends in Tube and Bar Processing". Y. Yamada, A. S. Wifi and T. Hirakawa "Analysis of Large Deformation and Stress in Metal Forming Processes by the Finite Element Method". E. H. Lee, R. L. Mallett and R. M. McMeeking "Stress and Deformation Analysis of Metal-Forming Processes". T. Z. Blazynski "Inhomogeneity of Deformation and Tool Design". D. Y. Yang, M. U. Kim and C. H. Lee "A New Approach for Generalized Three-Dimensional Extrusion of Sections from Round Billets by Conformal Transformation". O. Richmond, H. L. Morrison and M. L. Devenpeck "Ideal Metal Forming". I. F. Collins "The Application of Singular Perturbation Techniques to the Analysis of Forming Processes for Strain-Hardening Materials". P. L. B. Oxley "Allowing for a Variable Flow Stress in the Analysis of Metal Working Processes". W. Klie "Plastic Deformations with Free Boundaries — A Finite Element Approach". S. I. Oh, N. Rebelo and S. Kobayashi "Finite-Element Formulation for the Analysis of Plastic Deformation of Rate-Sensitive Materials in Metal Forming". L. Dietrich and H. Petryk "Theoretical Solutions of Some Plastic Working Processes in the Light of Experimental Evidence". S. Shima, K. Mori and K. Osakada "Analysis of Metal Forming by the Rigid-Plastic Finite Element Method Based on Plasticity Theory for Porous Metals". N. N. Malinin "Mechanics of Creep in Metal Forming". J. A. Schey "Modelling of the Tool-Workpiece Interface". J. F. Bratt "Drawing of Fiber Reinforced Tubes". O. Pawelski and W. Rasp "Stresses and Strains in Deformation of Clad Metals".

At the Symposium a round table discussion was organized by H. Kudo and S. Matsubara "Joint Examination Project of Validity of Various Numerical Methods for the Analysis of Metal Forming Processes".

The results presented in this book which is highly recommended, are valuable and may be used by those interested in development of modern plasticity theory as well as by those interested in applying various methods to describe metal working processes.

Bukarest N. Christescu

Ismar, H. / Mahrenholtz, O., Technische Plastomechanik. Braunschweig-Wiesbaden, Friedr. Vieweg & Sohn 1979. VI, 153 S., DM 19,80. ISBN 3-528-08408-1

Mit dem vorliegenden Buch ist es den Verfassern gelungen, in kurzer, aber überaus instruktiver Form in die phänomenologische Plastomechanik einzuführen. Einleitend werden die benötigten Grundlagen aus der Elastomechanik zusammengestellt. Darauf aufbauend erfolgt entsprechend dem Anliegen des Buches die Darlegung der benötigten Stoffgesetze, insbesondere von Fließbedingung und Fließregel bei großen Verformungen. Was die eingeführten Ansätze leisten, wird anhand des realen Werkstoffverhaltens diskutiert. Damit sind die Voraussetzungen geschaffen, um die Plastomechanik des Kontinuums, darunter werden die räumliche, ebene sowie Formänderung bei einachsigem Spannungszustand und die Gleitlinientheorie verstanden, aufzubauen. Diese Ausführungen werden durch repräsentative Beispiele, für die geschlossene Lösungen angegeben werden können, vertieft. Entsprechend den Erfordernissen bei der Lösung praktischer Aufgaben wird den Näherungsverfahren ein relativ großer Abschnitt gewidmet. Auf der Basis der Formänderungsleistung und der Extremalprinzipe werden das Schrankenverfahren, die sogenannte elementare Theorie und in knapper Form die Methode der finiten Elemente entwickelt und mit technischen Beispielen belegt.

Mit ihrem Buch wenden sich die Verfasser vor allem an Studenten und Ingenieure des Maschinenbaus. Zu unterstreichen ist aber auch, daß die überzeugend und geschickt dargelegten mechanisch-technischen Zusammenhänge der Plastizität für Mathematiker und Physiker, die auf dem Gebiet der Kontinuumsmechanik arbeiten, von großem Interesse sind.

Berlin W. Kaiser

de Ruijter, W. P. M., On the Asymptotic Analysis of Large-Scale Ocean Circulation. Mathematical Centre Tracts 120. Amsterdam, Mathematisch Centrum 1980. 116 S., Dfl. 14.—. ISBN 90 6196 193 9

Die vorliegende Monographie befaßt sich mit der Theorie stationärer großräumiger Meeresströmungen. Den Ausgangspunkt bilden die Navier-Stokesschen Gleichungen in dimensionsloser Form, bezogen auf die rotierende Erdkugel mit dem Wind als äußere Kraft. Es werden Vereinfachungen eingeführt, die sich aus Größenordnungsbetrachtungen ergeben. Lösungen werden nach der Methode der „matched asymptotic expansions" angesetzt, wobei im Innern der ozeanischen Wassermassen reibungsfreie durch die CORIOLISkraft beeinflußte Strömung angenommen wird. In einer Grenzschicht an der Oberfläche und am Boden werden Reibungseinflüsse berücksichtigt; nach Bedarf werden weitere z. B. Küstengrenzschichten eingeführt. Wenn nötig, werden Trägheitswirkungen im Sinne einer Korrektur in die Betrachtung einbezogen. Den theoretisch berechneten Strömungsfeldern werden Messungen gegenübergestellt. Modellmäßig behandelt werden u. a. der antarktische Umlaufstrom und der Agulhasstrom, dabei werden die Küsten geometrisch einfach (meist als Längen- oder Breitenkreise) angenommen.

Die Theorie liefert übersichtliche Formeln, welche die Wirkung des Windes auf das Meer veranschaulichen. Die zitierte Literatur bietet einen Zugang zu ozeanographischen Spezialuntersuchungen.

Man sollte nicht übersehen, daß in den Lösungsansätzen eine gewisse Willkür steckt, die einer systematischen Verfeinerung Grenzen setzt.

Berlin J. FÖRSTE

In der DDR beziehbar im Rahmen des Kontingents.

EINGEGANGENE BÜCHER

Bei der Schriftleitung sind folgende Bücher eingegangen (ausführliche Besprechung bleibt vorbehalten).

Oswatitsch, K., Contributions to the Development of Gasdynamics. Selected Papers, Translated on the Occasion of K. Oswatitsch's 70th Birthday. Eds.: Schneider, W. / Platzer, M., Braunschweig, Vieweg 1980. XX, 429 S., 192 Abb., DM 136,–. ISBN 3-08452-9

Okonek, C. / Schneider, M. / Spindler, H., Vector Bundles on Complex Projective Spaces. Progress in Mathematics 3. Boston-Basel-Stuttgart, Birkhäuser 1980. VII, 389 S., ISBN 3-7643-3000-7

Leipholz, H., Stability of Elastic Systems. Mechanics of Elastic Stability 7. Alphen aan den Rijn, Sijthoff & Noordhoff Intern. Publ. 1980. 492 S., Dfl. 150.00. $ 75.00. ISBN 90-286-0050-7

Gladwell, G. M. L., Contact Problems in the Classical Theory of Elasticity. Mechanics of Elastic and Viscoelastic Solids 1. Alphen aan den Rijn, Sihtjoff & Noordhoff Intern. Publ. 1980. 716 S., Dfl. 120.00. $ 60.00 ISBN 90-286-0440-5

Heinhold, J. / Gaede K.-W., Einführung in die Höhere Mathematik. Teil 4: Funktionentheorie. München-Wien, Carl Hanser Verlag 1980. XII, 548 S., ISBN 3-446-12317-2

Matsumura, H., Commutative Algebra. 2nd edition. Mathematics Lecture Note Series 56. London-Amsterdam-Don Mills-Sydney-Tokyo, The Benjamin/Cummings Publ. Co. 1980. XVI, 313 S., US $ 19.50. ISBN 0-8053-7026-9

Dixon, L. C. W. / Szegö, G. P. (Eds.), Numerical Optimisation of Dynamic Systems. Amsterdam-New York-Oxford, North-Holland Publ. Co. 1980. VIII, 412 S., US $ 53.75. Dfl. 110.00. ISBN 0-444-85494-0

Munz, D., Linear-elastische und elastisch-plastische Bruchmechanik von Konstruktionswerkstoffen. Habilitationsschrift. DFVLR-FB 79–31. 1979. 249 S., 88 Abb., DM 36,70. Zu beziehen durch: Wissenschaftl. Berichtswesen der DFVLR, Postfach 906058, 5000 Köln 90

Hawking, S. W. / Israel, W. (Eds.), General Relativity. An Einstein Centenary Survey. Cambridge, Cambridge University Press 1980. XVIII, 919 S., £ 12.50 A H/C ISBN 0-521-29928-4

Miller, J. J. H. (ed.), Boundary and Interior Layers – Computational and Asymptotic Methods. Proceedings of the BAIL I Conference, Dublin 1980. Dublin, Boole Press 1980. XI, 425 S., £ 28.00. US $ 60.00. ISBN 0-906783-01-1

Fletcher, R., Unconstrained Optimization. Practical Methods of Optimization 1. Chichester-New York-Brisbane-Toronto, John Wiley & Sons 1980. VIII, 120 S., £ 8.80. ISBN 0-471-27711-8

Campbell, S. L. / Meyer, C. D. jr., Generalized Inverses of Linear Transformations. London-San Francisco-Melbourne, Pitman 1979. XI, 272 S., £ 23.00. ISBN 0-273-08422-4

NACHRICHTEN

Kolloquium „Ermüdung"

Die Internationale Vereinigung für Brückenbau und Hochbau (IVBH) organisiert vom 24. bis 26. März 1982 an der Eidgenössischen Technischen Hochschule in Lausanne, Schweiz, ein internationales Kolloquium über das „Ermüdungsverhalten von Stahl- und Betonbauten". Das Kolloquium wird von ASCE, CEB und EKS unterstützt.

Die Hauptthemen dieses Kolloquiums sind: Ermüdungswirksame Beanspruchungen, Ermüdungsfestigkeit von Bauteilen, Ermüdungsnachweise für die Bemessung und Ermüdungsprobleme in bestehenden Bauwerken. Dabei wird das Schwergewicht auf die Probleme des Entwurfs und der Konstruktion gelegt.

Interessenten wenden sich für detaillierte Angaben direkt an das IVBH-Sekretariat, ETH-Hönggerberg, CH-8093 Zürich Schweiz, Tel. 01/377 25 47, Telex 54354 EHOPZ CH, z. H. IVBH

MIX
Papier | Fördert gute Waldnutzung
FSC® C083411

Zeitfracht Medien GmbH
Ferdinand-Jühlke-Straße 7
99095 Erfurt, Deutschland
produktsicherheit@kolibri360.de